湖泊水网地区传统村落的创新营建

Reconstruction of Traditional Villages in Lake District

国家艺术基金 2019 年度艺术人才培养资助项目
Talent Training Project of China National Arts Fund in 2019

主　编

周　彤

副主编

潘延宾　朱亚丽　丁　凯

中国建筑工业出版社

图书在版编目（CIP）数据

湖泊水网地区传统村落的创新营建 =
Reconstruction of Traditional Villages in Lake
District / 周彤主编. —北京：中国建筑工业出版社，
2021.5
ISBN 978-7-112-25993-9

Ⅰ.①湖… Ⅱ.①周… Ⅲ.①村落—居住环境—研究
—中国 Ⅳ.①X21

中国版本图书馆CIP数据核字（2021）第046878号

本书以国家艺术基金 2019 年度艺术人才培养资助项目"湖泊水网地区传统村落的创新营建"的申报、立项、实施的全过程实录与总结为线索，以江汉平原环境及空间演变的基础研究为路径，通过对湖泊水网地区独有的传统村落风貌调查，以及在相关地域的乡村实践，梳理成湖泊水网地区村落创新营建的研究成果。本书适用于响应国家全面建成小康社会，实施乡村振兴战略的需要的广大基层管理人员、从业人员、相关学者、学生、国家艺术基金项目申报者参考阅读。

责任编辑：唐　旭
文字编辑：李东禧　孙　硕
版式设计：张　钧　郭永乐　刘　昀　刘　扬　王志慧
责任校对：焦　乐

湖泊水网地区传统村落的创新营建
Reconstruction of Traditional Villages in Lake District

主　编　周　彤
副主编　潘延宾　朱亚丽　丁　凯

＊

中国建筑工业出版社出版、发行（北京海淀三里河路9号）
各地新华书店、建筑书店经销
北京锋尚制版有限公司制版
北京中科印刷有限公司印刷

＊

开本：880毫米×1230毫米　1/16　印张：14½　字数：349千字
2021年6月第一版　2021年6月第一次印刷
定价：**69.00**元
ISBN 978-7-112-25993-9
（37258）

编委会

CONTENTS 目录

课题形成

项目实施

课题形成

1 研究基础

1.1 研究团队与路径

跨入2000年，中国改革开放进入初步成熟期。城市化进程加速，全国房地产业在快速发展，城乡差距进一步扩大，乡村问题开始突显，由此产生了较大的社会和谐与自然生态问题，可持续发展的设计理念成为核心价值。

自2002年陈顺安教授主持《江汉平原农业景观模式研究》开始，湖北美术学院环境艺术设计系开展了持续的乡村景观风貌、建筑特色、人文历史、自然生态的跨学科研究。

1.2 关于江汉平原环境及空间演变的基础研究

1.2.1 自然地理环境的演变

江汉平原是古云梦泽的遗迹。楚文化遗址基本绕江汉平原呈环形分布，平原的腹地只有零星化地分布，其余均为空白。人们选择的居住位置多处于山地地带，云梦泽近水之处虽有人类活动的遗存，但数目并不多。

秦汉至唐宋时期是云梦泽水体退却的时代，云梦泽水体退却与长江、汉水的泥沙活动直接相关。先秦时期江汉平原分为东西两大片，云梦泽则介于两平原之间，随着地理格局的变化，成陆地带人口渐众，逐渐建立起来的县级行政建置的位置成为确定云梦泽水体变化的依据。随着陆上三角洲不断扩展，云梦泽水体日趋平浅，至唐宋两代江化平原范围内多已被填成平陆。西汉司马相如所称的"九百里"云梦泽，在此时已为零星小湖所取代。南宋后期，人们发展农业经济，开始兴修垸田，最终推动了云梦泽的消失与江汉平原的形成。

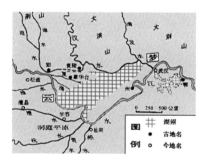

先秦时期云梦泽示意图　　　　　秦汉时期云梦泽示意图　　　　　唐宋时期江汉地区水系图

明清以后，人口的迅速增长激发人们开垦土地，新修沟渠，修垸堵穴，围湖造田。在这种干预下，一方面江汉平原逐渐变成了千里沃野；另一方面，由于垸田大量兴起，沿长江及汉水下游的堤岸穴口大多被堵塞，导致江湖分离。总的来说，明清时期江汉平原湖泊依然稳中有扩。湖泊总体数目虽减少，但只是小湖变少，大湖则日益扩大。

1.2.2 人口迁移与空间格局的演变

先秦时期主要有夏禹对江汉地区的大规模移民，楚人的先祖向江汉地区的迁移和楚国的灭国移民。这一时期以强制性移民为主，政治性色彩颇浓。

秦至元代，主要有鄂西地区巴人的迁入，六朝时几次大规模的迁入，西晋"永嘉之乱"、唐代"安史之乱"和北宋"靖康之乱"后的北人南迁高潮。这一时期湖北移民以自北而南的生存型移民为主。唐宋时期湖北也充当了人口迁出地的角色，但是战争所引起的移民进一步南迁，在湖北移民史上并不占主导地位。

明清时期的湖北移民数量最为庞大，围绕四个历史阶段展开。首先，元末以前是其序幕，长达七百年。其间在宋代出现过一个小高潮。两宋跨度三百多年，移民集中在社会动荡不安的南北宋末期，主要分布在鄂东，其次是江汉平原。之后是元末明初时期，即元末红巾军起义至正年间到朱元璋立国治国的洪武年间，为打击地方豪强迁移富民，实行"抽迁江右士庶，以实兹土"的移民政策，史称"洪武大移民"。这个阶段的移民分布，较两宋更向西扩展。再到明朝永乐年间至明朝后期，可供开垦的土地数量仍较多，因资源空间分配不均而自发形成的人口流动，引江西等省移民源源不断地迁入两湖，此次移民因持续时间较长，总量也十分可观。

清初，由于社会动乱和战争，使得两湖地区的人员构成比较复杂，故有"江西填湖广，湖广填四川"之谣。除江西人民迁入外，为了隔离沿海人民与郑成功及其他反清力量的联系，政府强迫浙江、福建、广东沿海居民内迁，从而造成现今两湖和江西地区客家人的大量分布。这个阶段的移民继续向鄂东、江汉平原、鄂北和鄂西北深入。

明清以后持续迁入的移民是江汉平原开发农业的主要力量，主要包括战乱难民、灾荒饥民及自由移民。其次还有经营工商业而定居者、政府有组织的移民、为宦荆州而落籍者、分散各地的清代八旗占领军后裔及削籍后的明代藩王世系。这些移民虽人数较少，但使得该地移民成分比较复杂。

2 湖泊水网地区的传统乡村
创新营建研究

2.1 国家战略发展要求

1. 2014年中央一号文件《中共中央国务院关于全面深化农村改革加快推进农业现代化的若干意见》

按照稳定政策、改革创新、持续发展的总要求，力争在体制机制创新上取得新突破，在现代农业发展上取得新成就，在社会主义新农村建设上取得新进展，为保持经济社会持续健康发展提供有力支撑。

完善国家粮食安全保障体系；

强化农业支持保护制度；

建立农业可持续发展长效机制；

深化农村土地制度改革；

构建新型农业经营体系；

加快农村金融制度创新；

健全城乡发展一体化体制机制；

改善乡村治理机制。

2. 2015年中央一号文件《中共中央国务院关于落实发展新理念加快农业现代化实现全面小康目标的若干意见》

围绕建设现代农业，加快转变农业发展方式；

围绕促进农民增收，加大惠农政策力度；

围绕城乡发展一体化，深入推进新农村建设；

围绕增添农村发展活力，全面深化农村改革；

围绕做好"三农"工作，加强农村法治建设。

3. 2016年中央一号文件《中共中央国务院关于落实发展新理念加快农业现代化实现全面小康目标的若干意见》

持续夯实现代农业基础，提高农业质量效益和竞争力；

加强资源保护和生态修复，推动农业绿色发展；

推进农村产业融合，促进农民收入持续较快增长；

推动城乡协调发展，提高新农村建设水平；

深入推进农村改革，增强农村发展内生动力；

加强和改善党对"三农"工作领导。

4. 2017年中央一号文件《中共中央国务院关于深入推进农业供给侧结构性改革加快培育农业农村发展新动能的若干意见》

协调推进农业现代化与新型城镇化，以推进农业供给侧结构性改革为主线，围绕农业增效、农民增收、农村增绿，加强科技创新引领，加快结构调整步伐，加大农村改革力度，提高农业综合效益和竞争力，推动社会主义新农村建设取得新的进展，力争农村全面小康建设迈出更大步伐。

优化产品产业结构，着力推进农业提质增效；

推行绿色生产方式，增强农业可持续发展能力；

壮大新产业新业态，拓展农业产业链价值链；

强化科技创新驱动，引领现代农业加快发展；

补齐农业农村短板，夯实农村共享发展基础；

加大农村改革力度，激活农业农村内生发展动力。

5. 2018年中央一号文件《中共中央国务院关于实施乡村振兴战略的意见》

新时代实施乡村振兴战略的重大意义；

实施乡村振兴战略的总体要求；

提升农业发展质量，培育乡村发展新动能；

推进乡村绿色发展，打造人与自然和谐共生发展新格局；

繁荣兴盛农村文化，焕发乡风文明新气象；

加强农村基层基础工作，构建乡村治理新体系；

提高农村民生保障水平，塑造美丽乡村新风貌；

打好精准脱贫攻坚战，增强贫困群众获得感；

推进体制机制创新，强化乡村振兴制度性供给；

汇聚全社会力量，强化乡村振兴人才支撑；

开拓投融资渠道，强化乡村振兴投入保障；

坚持和完善党对"三农"工作的领导。

6. 2019年中央一号文件《中共中央国务院关于坚持农业农村优先发展做好"三农"工作的若干意见》

紧紧围绕统筹推进"五位一体"总体布局和协调推进"四个全面"战略布局，坚持农业农村优先发展总方针，以实施乡村振兴战略为总抓手，对标全面建成小康社会"三农"工作必须完成的硬任务，适应国内外复杂形势变化对农村改革发展提出的新要求，抓重点、补短板、强基础，围绕"巩固、增强、提升、畅通"深化农业供给侧结构性改革，坚决打赢脱贫攻坚战，充分发挥农村基层党组织战斗堡垒作用，全面推进乡村振兴，确保顺利完成到2020年承诺的农村改革发展目标任务。

聚力精准施策，决战决胜脱贫攻坚；

夯实农业基础，保障重要农产品有效供给；

扎实推进乡村建设，加快补齐农村人居环境和公共服务短板；

发展壮大乡村产业，拓宽农民增收渠道；

全面深化农村改革，激发乡村发展活力；

完善乡村治理机制，保持农村社会和谐稳定；

发挥农村党支部战斗堡垒作用，全面加强农村基层组织建设；

加强党对"三农"工作的领导，落实农业农村优先发展总方针。

自2018年起，中央一号文件开始将农业提升到战略高度。2018年的中央一号文件，是在全面落实党的十九大提出的乡村振兴战略的背景下出台的。中央农村工作领导小组办公室主任韩俊介绍，既管全面、又管长远，是今年中央一号文件相比此前14份一号文件最大的不同。自2004年开始中央一号文件已经发了14个，农民增收、农业现代化、现代农业、新农村建设、农村改革、农村水利、农业科技、城乡统筹等，聚焦一个具体方面。乡村振兴战略包含了农村的经济、政治、文化、社会、生态和党的建设各个方面，是对解决农业农村农民问题作全面部署。文件强调，把实现乡村振兴作为全党的共同意志、共同行动，做到认识统一、步调一致，在干部配备上优先考虑，在要素配置上优先满足，在资金投入上优先保障，在公共服务上优先安排，加快补齐农业农村短板。国家发改委宏观经济研究院副院长吴晓华表示，"优先"二字，把农业农村摆在了重要的历史位置上。

乡村振兴战略是社会主义新农村建设的升华版。从总要求来看，它用"产业兴旺"替代"生产发展"，要求在发展生产的基础上培育新产业、新业态和完善产业体系，使农村经济更加繁荣；用"生态宜居"替代"村容整洁"，要求在治理村庄脏乱差的基础上发展绿色经济、治理环境污染并进行少量搬迁，使农村人居环境更加舒适；用"治理有效"替代"管理民主"，要求加强和创新农村社会治理，使农村社会治理更加科学高效，更能满足农村居民需要；用"生活富裕"替代"生活宽裕"，要求按照全面建成小康社会奋斗目标和分两步走全面建设社会主义现代化强国的新目标，使农民生活更加富裕、更加美满；"乡风文明"四个字虽然没有变化，但在新时代，其内容进一步拓展、要求进一步提升。同社会主义新农村建设相比，乡村振兴战略的内容更加充实，逻辑递进关系更加清晰，为在新时代实现农业全面升级、农村全面进步、农民全面发展指明了方向和重点。

2.2 地理范围

三级阶梯及长江黄河构成了我国陆地的自然地貌基本类型，长江中下游平原，河网密布，水量充沛，天然水系及纵横交错的人工河渠使该区成为中国河网密度最大地区，也孕育出独特的地域性自然景观、人文风貌。

2.3 地域现状

区域内湖泊河流纵横，交通四通八达，人口流动大，人流迁移过程中造成本地区乡村建筑融合了各地的共同特点且变化丰富，然而也造成整体可识别性特征较弱，以及当前乡村建设中的视觉文化困惑。由湖泊、河流、丘陵组成的地貌，导致村落随自然地貌不规则分布，以小岗地形成的自然村湾较多，面积普遍小，村落间交通不便，土地破碎，使传统鱼米之乡呈现出面对产业化的发展窘态，以及传统生产中填湖围堰等对长江生态产生的影响。

2.4 突出问题

缺乏科学的整体性规划。近些年，学术界对于传统村落及民居的研究进入一个新的阶段。研究视角呈现从建造技术、村落形态，到经济、文化以及生态效应的多元思路，然而，研究成果却很难实际运用，具体落实建设任务的乡村管理干部，也很难全面接触到最新的研究成果。当前的乡村建设中多强调点的示范，强调村落单体的个性化，总体性改变并不突显。

传统文化基因的断层。在广大农村现实中，存在大量低造价的普通民居，为了完成"美丽乡村"任务，采取了简单装饰性的建筑改造方法，去迎合回归传统的形式要求，全然不顾建筑功能的需求，陷入单纯追求形态的僵局。特别是在一些特征不明显的地区，形成了为了形式而设计、建造，尤以"徽派"风格、欧洲小镇等大行其道最为典型，这种方式不仅破坏了传统村落的形态，更影响到了生态环境、文化基因。

缺乏产业策划运营管理。在规模化产业的过程中，地域性劣势，形成的空心村是当前乡村中最突出的问题，而研究恰当的产业策划、运营管理正是解决困境的有效办法。

2.5 研究思路

该区域传统村落的民居建筑缺乏显著的特点，并且随着人们生活方式的改变，无必要在该地区强行沿袭传统民居特征在村落营建中的推广或者强加范式。根据新的使用方式，灵活使用设计语言改造和新建应该是主要途径。

2.6 近年在湖泊水网地区传统村落营建中的研究成果和实践

2.6.1 营建区域村落利益相关方的诉求
一、营建区域核心利益相关者的利益诉求

新农村建设是一项长期而复杂的系统工程，从根本上讲，建设社会主义新农村，其核心是大力发展农村生产力，让区域生活的民众享受更美好的生活。湖北省鄂州市涂家垴镇地势北高南低，呈丘陵地貌。东北面是总面积482.5平方公里的梁子湖，西南面属幕阜山余脉，高河港蜿蜒过境流入梁子湖。境内山场林地、湖泊、耕地交错。涂家垴镇作为农业大镇，基本农田占96.01%。课题组以涂家垴镇上鲁村为具体调研对象，通过实践调研发现，在村落的建设推进上，始终围绕着各种利益诉求，如果这些诉求没有平衡处理好村落的建设就没办法推进，沦为空谈。其中村落核心型利益相关者包括社会资本方、公共部门和原住民。这三类利益相关者在村落发展过程中的利益诉求点不一致，其相互之间必然经历反复的利益和权力博弈。通过调研若干利益相关者博弈的片段进行分析后发现，类似的博弈总是会导致集体与外来个体、集体与原住民、外来个体与原住民之间的利益冲突。

社会资本方一般作为外来个体，有直接参与经营、建设，也有只投资项目不直接参与经营两种模式。其与公共部门主要博弈内容在于，投资方的资金成本很高，希望能短时间获得利润，而在一个96.01%为基本农田，紧邻湖泊水源地，风景优美、水湾罗布，交通距离武汉市中心仅半小时车程的区域内，可短时间获利的内容都属于公共资源，如青山绿水、地理位置等，如果任由投资方先对这些优质资源进行开发利用，第一产业作为基础没有得到发展，这种产业模式也不能长效维继。同时，由于公共资源被投资方占用，作为原住民没有资金进行原始开发，而丧失发展机会，这样就造成投资方和原住民之间产生不可调和的矛盾，这种矛盾还会转嫁为公共部门和原住民之间的矛盾。

公共部门作为村落发展的主导方，在缺乏技术第一生产力的情况下，迫切需要投资拉动增长。而短期的资金投入，带来短期的效益，却给当地环境、资源、未来发展留下"一地鸡毛"，造成公信力在民众中的缺失，是得不偿失的行为，还会使公共部门作为主导方协调多方利益的工作很难开展，阻碍村落的发展。在区域中生活数代的原住民作为村落的主体，对村落怀有浓厚的感情，本质上都会维护村落的长远发展。在以血缘、地缘为纽带的村落中，大家依据传统的村规民约，行政的农村制度在这片土地上世代生存。但由于缺乏技术和资金的支持，其他村民没有创收的手段，只能务农务工。对于国家的引导性政策没有全局观，获取信息容易片面、失真，因此哪怕是小小的房前屋后整治问题，也很容易自说自话，不配合工作，而公共部门又很难为一点小事实施执法权，造成具体工作很难推进。特别是投资方对村落公共资源占用，在他们世代生活的土地获利，而他们由于自身原因却没办法效仿时，他们会自下而上地选择违背契约，强行收回等方式制造矛盾。

因此，只有通过合理的规划发展，利用技术创新作为第一生产力，引入外部资金共同夯实第一产业的发展，依托第一产业发展高附加值的其他产业。保障各利益相关者以按劳分配为主体、其他分配方式为补充，通过公共部门为主导调和均衡，减少冲突，协调利益、保障权利，形成"政府主导、民众从权、市场参与、多方协作"为特点的村落发展模式。

2.6.2 现场调研和基地分析

1. 农村产业化经营尚处在初级阶段

上鲁村有松林、楠竹、中药材基地、果园，湖泊星罗棋布。以前靠湖吃湖，围湖造田，尚有较大范围的渔业面积，后由于湖泊保护，渔业基本消亡。第二产业由于靠近水源地，很多有污染性质的产业不能建设，比如，现阶段引入了大面积的蓝莓种植，由于环保问题，不允许建设蓝莓加工厂，其种植的蓝莓必须运往其他地区进行深加工，因此农民依然没办法获得第二产业中的高附加值部分。同时，引入允许的第二产业又由于原材料没有规模化生产，供应不足、良莠不齐，不足以支撑生产线的规模和品质。没有第一、二产业的支撑，第三产业完全靠输血式的方式发展，很难建立起长期有效、生态循环的产业链。目前居民收入来源主要还是依靠第一产业，传统种植红薯、茭白、水稻、新引进农产品等农作物种植及外出务工。

由于产业结构单一，种植业规模化，品牌化不足，盲目效仿，低水平重复投入，二、三产业技术含量低，附加值低。环境、人口问题以及分散的小农经营方式制约着村落的可持续发展。在劳动力方面，低效益的产业结构使村中年轻劳动力大量外出打工，村中只剩下老人和儿童，村中缺乏劳动力。在资金方面，农村本就贫困，第一产业比重过大，在农作物的种植面积中粮食作物的种植面积占比很大，使第一产业附加效益更低。在技术方面，农业技术服务体系不健全，农业生产方式落后，没有先进的技术支持，新兴产业发展不能持久。另外，现阶段农村缺少特色产业，产业结构单一，生产生活配套资源不够齐全而不易吸引人才。

2. 缺乏现代农村市场体系

社会主义新农村建设是在经济全球化的大背景下进行的，因而大力发展农村生产力建立农民增收的长效机制，离不开市场，离不开农村流通。在党中央的正确部署下，各地新农村建设正在如火如荼地进行，许多地方的新农村建设初具规模、初见成效。由于农村市场基础薄弱，加上我国大中城市经济市场化和贸易自由化程度的快速提高，国内市场行情变化更快，因而这几年鲜活易腐农产品价格波动幅度很大，频频出现"烂市""实亏"等现象。

据商务部统计，目前我国中西部地区，因购销信息不畅，每年都会出现"烂市""实亏"等情况，并因此给农村造成1090万~4090万元的损失。行之有效的信息服务空间、平台能确保农民的生产成果不在流通环节中出现问题，提高组织化程度，有效对接小生产与大市场、大流通。在我们所采访调查的乡村中，绝大部分农户都是采用小规模分散经营的生产方式。这种现状与农业大市场、大流通发展趋势的矛盾越来越突出。而且，发展千家万户的小农生产，规模效益很难发挥作用，加上难以抵御的自然风险和市场风险等因素，导致农业生产效益极低。这种局面恐怕在较短时间内难以改变，农产品绝大部分都销往城区，交通运输、进入市场门槛、销售数量、销售地区、销售环境、销售时间等，对农户来讲，都存在一定的问题和困难。农民组织化程度低，处理应变能力和应急能力都很差，加上缺乏必要的生产销售指导，千家万户的趋同性很强。

因此构建现代农村市场体系，对于新农村建设下的农村区域规划设计布局模式的分析显得相当重要。对于农民来讲，农村信息的自我完善是非常困难的，村民获得信息主要通过"四看"，即看周围的能人、看亲戚邻居、看左村右邻、看上年的收入情况来决定。也就是好跟风，找不准路子。这些信息一旦失真、一旦没有特色，近距离的简单模仿相同，就会使农产品大量上市，价格自然就会下滑，甚至血本无归。那么农民种什么、怎么种、种多少，该由谁来告诉他们呢？现在要求他们搞市场调查，分析搜集国内外、省内外的市场信息不太可能也不现实。农民很愿意得到这方面的信息指导，他们都期待着有一套易得、及时、实用、较为准确的农产品信息体系，而这正是当前我国农业发展的瓶颈，也是新农村建设中关键性的基础工作。再者，鲜活农产品的基础统计信息、市场信息、产业关键环节的测评有的村甚至连最基础的统计信息都没有，仅有的少量信息常常是比较滞后的、甚至是失真的，真正有用的信息特别少。

对这一难题，很多村干部和农民认为农业信息应由政府组织部门发布和把关，涉农部门无偿提供。要把农业信息作为公共产品来加以建设和管理，通过布局能提供及时、准确、实用、易得的农产品信息的空间，指导农民生产、售卖，有效指导农户安排生产、销售促销和经营决策。单靠乡村自身的力量完成农业信息工作实非易事。农村信息化工作在我国农村经济发展中具有战略地位，农村经济要发展、农民要致富，农村信息化是必由之路，农村实现信息化之时，就是农业实现现代化之日。

近年来，在市场经济大发展的背景下，随着各项支农政策的逐步落实，农村现代流通网络的建设正在加快，包括订单农业在内的多形式、多渠道的农产品购销体系的建立，农村市场开始活跃，出现了一批拥有购销渠道的农村流通企业，连锁经营、统购分销、分购统销、代购代销、便民超市、小型超市等新型流通业务开始从城市转向农村。有些地方农村的经纪人、农产品运销大户、农民合作组织以及有关的龙头企业，已经构成了农产品流通的主体。

课题组认为，对农产品的运输、仓储、销售场所、销售渠道、交易场所、售后服务及流通环节等工作，应全过程、全方位、全员性给予关注、支持和配套，实现专业化、规模化，努力缩短流程，缩短交易时间，降低交易成本。与扎实推进社会主义新农村建设的实际需要相比，农村的流通体系基础还十分薄弱。水果、蔬菜等农副产品在采摘、处理、运输、储存等环节上的损失率较高。在空间布局上应该优先布置鲜活农产品的采摘、储存、运输、交易空间。在村落规划中为其提供辐射性的空间布局，把新型流通主渠道与农户紧密地连在一起，建立起高效复合的空间布局。实现农户与市场、农户与产业、产业与市场的连接，达到促进产业发展、农业增效、农民增收的目的。

3. 基础设施不足

农村公共服务的供需特点与村落的形态规律关系密切，不同形态类型的村落基础设施布局具有一定的差异性，但总体基础设施的不足具有普遍性。

一方面，单个村庄规模较小难以完善地建立各种基础性服务设施，村庄现有的基础设施使用效率低，投入太多会造成资源浪费。另一方面，资金来源过于单一。农村基础设施建设所需的大部分资金由农村集体和农民承担，而政府投资、外资和金融机构的贷款很少。

卫生体育、文化教育、医疗设施配制等公用基础设施滞后。村级卫生院的病床数不足，医务人员数量不能满足大量的农业人口就医要求，但农村务工人口较多，配置大量的基础设施又形成极大的浪费。农村小学规模小，学校内部的配套设施也比较简陋，师资队伍不够齐全。除少部分村有篮球场、文化娱乐室外，绝大部分村在这方面是空白。并且农民在经济允许的情况下，更趋向于选择大城市更优质的配套服务。

文化健身休闲方面，宋瑞在《休闲绿皮书2017—2018年中国休闲发展报告》中总结到，乡村居民将大部分（39%）可支配收入花费在购房或建房支出上，其次是医疗（39%）、教育（17%），休闲消费支出最少（1%）。与住房、医疗、教育等民生问题相比，休闲显得微不足道，面对沉重的住房、医疗等负担，放弃休闲投资是不得已的选择，但却是理性的选择。同时，目前农村文化休闲方面参考城市人口模式，导致村庄缺乏文化氛围。公共家具通常采用市场采购的方式，其形制与村落面貌不相符。休闲座椅、干净整洁的集市、健身设施、图书馆、阅览室、书店等，通过农村城镇化和乡村振兴战略已基本实施，为城市居民服务的休闲场所如商场、电影院、歌剧院、博物馆、科技馆及专业健身场馆等在乡村地区的布局极少。

同时，不同的村落形态特有的环境决定了与其对应的公共设施的供需特点，具体表现为需求的数量、结构、分配布局方式及制度等要素受到村落形态类型的影响。即不同类型村落的人口规模、人口集聚度、居民空间分布规律及生产生活联系等特征与村落公共服务的供给数量、结构、布局方式、供给制度等要素的不匹配、不平衡现象。其供需矛盾的激烈程度总体呈现分散型村落<组团型村落<集聚型村落的特点。这一方面源于农村公共服务的纯公共产品属性及特征导致的政府行政性供给无偿性供给居民集体，供给存在数量统一化、供给结构同质化与分配布局集中化的问题，这实质是对村落形态与公共服务供需规律关系的背离。另一方面，公共服务应达到集约化、效率最大化的特点，与村落较小及分散的地理特点具有天然的对立性。

因此，要求在实践中遵循村落形态特征的逻辑基础，实施科学的分配布局方式，结合物联网，网络平台的建设，力图在布局上打破村落较小及分散的地理特点与公共服务集约型的天然的对立性，提升科学性以保证居民公共服务的平等性，并根据当地的经济发展状况和休闲满足程度因地制宜地给予布局。

道路建设方面，调研区域已完全实现村村通，但村内的交通却比较混乱，乱搭乱建，占道等问题普遍存在，造成村内无法形成完整的消防通道，缺乏统一规划。垃圾桶僵硬地放在道路上而没有考虑实际的行车、使用情况。

给水排水方面，没有足够的资金投入。给水方面水质问题的出现主要与工业及生活废水的排放、农药的使用等有关。村庄的耕地较多，村民过度使用农药造成水质污染。村小型加工厂的废水排放如果没有监管也会对环境造成污染，进而污染地下水源。排水方面，因缺乏专业人士的指导，农户不知道如何合理修建排水管道，没有深刻认识到排水管道的重要性，明沟不做过滤处理排放是主要的排放方式。

4. 村民自身较少发挥主体作用

产业发展缺乏引导形成瓶颈，生活基础设施投入不足，第一产业农业现代化、规模化没有建立体系，致使务农只能粗放经营，打工则只能卖苦力打"体力"工，对于新农村的建设积极性不高，对建设社会主义新农村的主体地位认识不足，发挥主体性作用的意识较差，"等、靠、要"思想比较严重，对新事物、新技术缺乏认识，获取新技术、新知识的渠道不畅，从而阻碍了村民在改变自身境况上的被动性，并对政策引导的内容在理解不清晰的情况下，没有主动参与的动力。

当我们反思这种现状的时候，往往只是强调村民要形成好的价值观，要积极参与引导性的活动，成为新时代下具有现代性的村民。那么，村民现代性价值观应当如何界定呢？众所周知，任何价值观都不是先天的，都是后天"习得"的，从根本上讲是与其所处的社会生活相适应的，也就是说价值观是一种与生活相合的价值理念和追求，简而言之就是一种符合现代生活、符合现代化农业文明的价值观。

从社会发展的角度来说，"现代性是指现代社会的根本性质和不同于传统社会的精神特征"。从文化精神的内涵上看，现代性的精神性维度包含人们通常所熟悉的理性、启蒙、科学、契约、信任、主体性、个性、自由、自我意识、创造性、社会参与意识、批判精神等；从文化精神的载体来看，现代性的精神维度体现为作为个体的主体意识、公共的文化精神和文化价值、系统化的历史观，等等。现代性是我们国家社会发展的必然趋势，我们正在经历由传统社会向现代社会的社会转型，为此，村民要从主题意识上现代化，才会主动参与村落的现代化建设，最终目的使村民真正融入现代生活。

实现村民价值观由"乡土性"到"现代性"的塑造，不应是单一的"化"，不是对乡土性价值观的简单肯定或者否定，原有的乡土性价值体系中，既有精华，又有糟粕，应对其进行辩证地分析、批判地继承；其次，对于现代性村民价值观的塑造，不能光依靠村民自发进行，必须通过相应的文化建设，加强教育与培养，以推动价值观的转变与重构；再次，必须深刻认识到作为现代性的村民价值观绝不能是照搬西方的现代性，更不是实现所谓价值观的西方化，不是与中国传统乡土价值观的完全割裂，而须是结合了中国传统文化、结合了乡土性的现代性，体现的是主体的高度文化自觉。这些精神文明建设均需要有承载的特定场所，通过与村民共同建设这些特定的场所，吸取"乡土性"的生产生活智慧，增强村民的文化自信，文化自觉，通过对文化宣传功能结合现代农业市场体系的合理有效布局，为村民提供有效地交流、培训、获取信息等空间。

5. 村落民居建设问题

通过实地调研，课题组总结目前村落建设中存在的建设问题，主要归纳于以下四点：

一、盲目建设、毫无规划。随着农村人民收入水平和生活水平的不断提高，越来越多的农民向往建设新的住宅。但由于农村宅基地具有无偿使用和较少流动的特点，使得许多农民在建新住宅的过程中不愿意丢弃老住宅，进而使得农村宅基地闲置现象大量出现。而且，许多农民在建新住宅时随处搭建。村民由于历史原因，多是同一宗族，对于违法超规建设问题采取协同包庇的方式，导致村落缺乏合理的规划，无规划等现象严重，造成村庄住宅布局不遵从地形地貌肌理，房屋大小不一，道路狭窄，村落布局散乱、用地粗放低效。这不仅使得农村的整体布局混乱不堪，而且造成土地资源浪费严重，严重违背了我国传统的村落布局集约性、节约性原则，也不符合新农村建设用地秩序，不利于村落长期的和谐发展。

二、外观各异、特色缺失。随着村民收入水平的提高，大部分村落自建房都盲目地模仿自己设想的风格建设，农宅形式也发生了很大的变化，从过去本地营建的传统民居变为单一形态的前院后房，建筑风格上多模仿欧式小别墅，与村落原有地貌特征格格不入。由户主和包工头凭经验建筑房屋，缺乏理性思考，只是盲目抄写现代流行的建筑语汇，使得建筑外形越来越趋向于单一，造成"千村一面"的格局，严重缺乏区域特色，村庄形成了形态各异的建筑"大杂烩"，乡土建筑正慢慢走向消亡。

三、空间浪费、功能混乱。村民互相攀比，投资理性不足，绝大多数村落自建房存在面积过大、空间浪费的现象，且随着青壮年劳动力的外流，房间闲置多。但在建造过程中，依然建造多数量、大空间的卧室，使用起来非常不经济。民居盲目模仿城市住宅空间布局与形式，不考虑农村生产、生活和家庭构成的不同，功能混乱，功能分区模糊等。

四、自发建设，质量不佳。农村自建房往往走"草根设计"路线。农房设计没有正规的施工图。依靠乡村施工队的经验和村民自己的需求来进行建设。且建造者一般没有相应资质，在建设前缺乏对土地勘测环节，结构设计也是自行揣摩，因而在地基基础、抗震性等方面存在安全隐患，设计环节的缺失形成形式语言上符号化堆砌，虽然传统建筑营建者也没有资质，但却有当地营建传承有序的先验性。农民在建设过程中多从自身经济出发，建筑材料的使用也是良莠不齐，住房质量难以保证。我国村民人均居住面积从1978年到2012年增加29.0平方米，人均住房面积达到37.1平方米。砖混结构建筑是调研村落的主要建筑结构。污染耗能、粗基施工、低劣随意的特点使建筑在短时间内破损演变成建筑废物或混凝土碎块，又开始新一轮的粗放建设。据统计，2004年中国农村建设总量为8亿平方米，相当于同年城市建设总量。据2010年《中国日报》报道，中国目前建筑平均寿命为35年，每年消耗全球一半的钢铁和水泥用于建筑业，产生了大量建筑废物。

2.6.3 规划设计原则

村落规划虽然面积较小，但也必须建立在完善的规划体系上，尤其是区域范围不大、人口密集不高、村落布局分散的区域。通常这种村落布局与规划的集约型原则相违背，公共设施建设很容易不足、分配不均。同时，规划体系如果视野狭小，与上一级行政区域规划不相协调，村落体系规划限于传统的点轴描述无法解决小村落的具体问题，也会使村落规划成为一纸空谈。因此，在最初的规划层面就应该从体系规划的角度出发，对区域整体进行空间协调，切实有效地解决村落发展的问题。本书认为在规划体系的建立上应遵循以下四个原则。

1. 社会性原则

利益相关方在村落建设中应有合理的规划布局、分配原则。涂家垴镇上鲁村，第一产业是核心支柱产业，但第一产业风险高、规模化、信息化、技术化不足，高附加值少，第二产业受制于水源地环保问题，无法发展，优美的自然环境和紧邻武汉的优势地理位置，具有孵化第三产业如旅游、房产、养老、文创等的先决条件。但村民由于对现代化的第三产业缺乏学习，很难提供标准的服务，因此通常会引入社会资本，而社会资本的成本是极高的，必须获得合理的资金回报。从长远来看，第三产业必须依附第一产业的发展，否则输血式的第三产业很难为继。原住民从事风险高收入低的产业，外来人口从事高附加值的产业，在后期的建设发展中很容易产生深层次的矛盾，因此，如何引入资金，引入资金如何参与村落建设是村落建设的核心问题。资金引入的产业、方式很大程度上决定了分配原则。

尊重村落在地文化塑造。对村落在地传统文化的理解和延续是设计师的根本责任，尊重村落居民生活的价值观，维护村落传统文化活动的延续，设计要能承载当地文化活动的村落空间，也要摒弃传统农耕文化的糟粕，新旧并存地反映设计的态度。

尊重村落在地生产生活方式。村落设计要理解村落生产与生活相互渗透的现实特征，既要延续传统优秀的生活方式，保证村落的生产落实，也要面向现代化农业进行转化。村落的现代化并非意味着模仿城市，生活空间形态的特征与差异是城乡差异最重要的部分，这是村落未来赖以长期存在的基本前提。对空间细节的认识与捕捉，对人的空间行为特征的剖析与归纳，以及研究空间形态与个体行为的关联，正是具体设计的基本出发点。与城市居民生产生活和交往空间高度分离的方式不同，农村传统的村落几乎是农民小农经济、社会交往、道德教化和文化传承的全部载体，更是乡村社会自组织的重要过程，一味强调经济效益的集约建设往往可能摧毁这一载体。另外，农村建设用地与非建设用地的关系并不能如城市一样简单与孤立，田园、庭院等"非建设形态"与村落、民居共同构成了承载乡村经济形态和社会结构的基本载体。村落规划设计要"为人""在地"和"适势"，既要坚守在地设计的价值取向，还要避免对村落无理侵蚀。

2. 地理性原则

尊重乡村上千年农耕文明锻造的肌理特征。从乡宅肌理到宅林水系，从邻里院落到村落形态，从农园果林到麦粒稻田这些空间布局都留下了本地农耕传统的烙印，从这些肌理中寻找乡村传统符号，吸收乡村设计元素，是乡村在地设计的基础。

地理性原则本质上决定了村落的空间布局、色彩、建构逻辑、材质肌理等多种形式语言。应对基于地理性的形式语言再创造，研究具有现代性、文脉传承、精神内涵延续，同时符合地理特征的新的村落形式语言。

3. 生态性原则

生态性原则应用生态学原理、方法来调控区域中的功能配置，结构安排，包括功能、结构、建设过程与技术应用上的生态导向性。区域内各项功能实体的匹配要能促进群落的生态化。功能的配置采用合理利用能源、降低能耗、提高资源的综合利用模式。在重视环境美化的同时，尽可能使人工环境的结构符合自然循环的原则，促进人与自然的最大限度接触，减少建设过程对环境的损害，发扬自然环境的地域性特点。

广泛利用高技建造或低技术乡土建造来达成以上各项目标，在经济允许的范围内促进生态住宅的开发与推广。

4. 适应性原则

适应性原则要求村落的规划设计要有充分的弹性，为今后的发展留有余地。

为不同的社会群体、动植物群体提供适宜的栖居地。尊重使用者生活要求与文化特性。

通过各种组织行为，加强原住民对于规划建设的参与性。建造、使用过程中公众参与是村落满足不同使用者要求的方式之一，同时也是村民对个性及自我活动方式的追求过程，并且在这过程中使村民对村落产生认同感与归属感。以上几个原则必须同步展开，系统性的协调整合。不应从单因单果出发，而是以区域整体协调发展为统领，深入细化地解决村落发展的问题。

2.6.4 规划设计思路

1. 社会性原则设计思路

引入资金参与村落建设较为理想的方式是，引入资金从事现代化、规模化、特色化的第一产业，引导原住民和外来资本，外来人员一起参与第一、第三产业的建设，协调共同发展。即为村落产业提供长效的造血机能，又能有效地为村落注入活力。

效仿其他文化的做法，只能是文化的表象。文化性只能是来自生活而不是典籍，来自土生土长的基地。《辞海》对广义文化的解释是指在人类社会历史实践过程中，所创造的物质财富和精神财富的总和。我们在实际调研中，调研的也是当地生产生活的智慧总和以及对现阶段发展的借鉴，基于这个智慧对未来发展的展望。因此文化性的调研要深入实际的生产、生活中去，不能流于形式。

未来规模化、现代化农业的发展，会深刻影响目前小农经济的空间布局。村落生活的人口不再局限于原有的务农，而是现代化农业的相关产业从业人员。有服务物流网的，有服务第一产业技术发展的，有服务其他第三产业如旅游、医养、自媒体等。而这些从业人员可能来自传统的村民，也可能来自外来移民。他们生产生活方式将不同于单纯务农的传统村民。他们更需要集中社区以达到土地利用的高效率和公共配套的集中化，这种撕裂村落原有社会关系和文化传统、生产方式和生活方式的改变过程不是依靠规划能达成的，是社会关系的总和。依托原有空间的文化传统活动因此而中断，这种打破了村内原有基于血缘、地缘关系的聚居形式，使村庄原有邻里关系与社会网络受到冲击；基于农耕时代的"互耕互助"的互动模式也随之淡化，因此可以想象，一个在鸡犬相闻的传统村落生活的农民，该如何面对这一社会生活的变化呢？乡村居住形态与社区居住形态存在较大的差异和矛盾。因此，在必须形成集中社区时，在设计中要认识到农村住宅的集中过程，实际上是农民重建家园和村落空间重构的过程，既要考虑到此过程持续的长期性，也要兼顾传统村落生活方式的延续性，还要使农民能够享受到村庄集中的高效集约效益。因此，乡村集中社区的"设计之路"是一条空间模式的"探索之路"。

2. 地理性原则设计思路

尊重乡村经过农耕文明锻造的肌理特征，不能被简化为一种构图原则。"图形"存在的根本是基于地理的生产生活智慧，这些结构要素不能孤立与随意。一味地设计轴线、中心，把适用于较大尺度的空间手法应用到与人的日常生活、日常行为中去，结果往往是建立起一套与人的认知行为不一致的空间。应对基本邻里间的规模、空间模式组团，群落单元，进行深入调查，营造共享式空间。既尊重农村居民独立居住的习惯，同时节省用地，为生产生活共享，促进邻里融合，从社会关系和居住舒适度考虑，以此强化对原脉络的延续。

从本专业的角度出发，通过画境的视角去组织尺度、质感、色彩、形式等因素。地理性原则本质上决定了村落的空间布局、色彩、建构逻辑、材质肌理等多种形式语言。而作为美术院校参与乡村实践，对形式语言的研究是我们的特点及强项，应结合设计原则对基于地理性的形式语言再创造，研究具有现代性、文脉传承、精神内涵延续，同时符合地理特征的新的村落形式语言。

3. 生态性原则设计思路

生态导向性原则应用生态学原理、方法来调控区域中的功能配置，结构安排，包括功能、结构、建设过程与技术应用上的生态导向性。区域内各项功能实体的匹配应能促进群落的生态化。功能的配置采用合理利用能源、降低能耗、提高资源的综合利用水平的模式。在重视环境美化的同时，尽可能使人工环境的结构符合自然循环的原则，促进人与自然的最大限度接触，减少建设过程对环境的损害，发扬自然环境的地域性特点。

广泛利用高技术建造或低技术乡土建造来达成以上各项目标，其主要核心还在于具有村落传统肌理的形式语言，如何与高技术建筑或低技术乡土建筑结合。同一建筑形式语言在民居中的应用也可丰俭由人，被动式生态建筑的建造成本通常很高，村民通常没有大量的资金一次性投入，如果能在必要的部分使用高技术，再配套部分使用低技术乡土建造，那么将会形成新的民居性价比高的选择。

4. 适应性原则设计思路

为不同的社会群体提供适宜的栖居地。尊重使用者生活要求与文化特性。

通过各种组织行为，加强原住民对于规划建设的参与性。建造、使用过程中公众参与是村落满足不同使用者要求的方式之一，同时也是村民对个性及自我活动方式的追求过程，并且在这过程中使村民对村落产生认同感与归属感。

在规划过程中有不确定性、偶然性的问题，均应谨慎处理，避免对资源造成浪费。弹性设计还可以为后期调和利益方博弈保留一定的调节空间，增强对多元投资主体的吸引力，以动态规划的思维形式应对规划的不确定性因素。

规划方案应满足乡村社会需求和响应经济发展，这样才能保障乡村生态环境的健康有序，改善人居环境质量，形成和谐发展的人地关系，实现"生态宜居"的生态建设与"产业兴旺"的经济建设。同时，和谐的人地关系有助于传统乡村文化的传承与新时期乡村文化的重塑，共同维护人与自然、人与人关系的可持续发展，实现"乡风文明"的文化建设要求。

规划过程的公众参与性、多学科的协作研究，有利于激发协同效应，由此集成的智慧才能最大化地适应自然、社会和经济环境，提高规划的科学性。政府相关部门的参与可以为有效治理提供政治保障，提倡当地居民享有平等参与权利，规划策略才能反映和实现大多数人的愿望和利益，提高公众的积极性，也有助于实现"共同富裕"的社会建设要求。

总体来说，要坚持按劳分配为主体、其他分配方式为补充的分配原则，不以消耗有限的自然资源（如河流、山地、林木等）为代价，与自然环境的共融为目标，实现共同富裕。

2.6.5 建筑设计

在乡村营建过程中，建筑是营建最核心的部分，建筑的设计选择关系到村落建设整体理念的完成度，我们在建筑设计中要从多角度思考建造问题。

从技术层面来说。在低技和高技之间寻找一个平衡点的适宜性技术是一种更加注重环境保护，同时可以根据实地更加灵活地被选用的技术形式。适宜技术的选择是结合自然环境、经济条件、文化传统等多方面因素综合考虑，延续地方传统建造技艺的独到之处，利用现代科学技术对传统建筑技术进行适宜改良，同时对现代建筑技术进行地方化的适宜改良，使建筑设计建造的策略手段适应地区发展现状及发展要求。适宜技术的选择不受建筑技术自身水平的高低影响，而是取决于当地的自然环境资源、技术现状、社会经济能力等。吴良镛先生指出：就我国情况而言，适宜技术应当理解为既包括先进技术，也包括"之间"技术（Intermediate Technology），以及稍做改进的传统技术。适宜技术其目的在于：①满足建筑造价上的经济可行性；②建筑技术上的相对简易性、可实施程度较高；③建筑设计策略及技术选择结合自然环境，对自然环境保持一种谦恭的态度，关注建筑方位、朝向、通风采光及地方材料与自然环境的结合，充分利用可再生自然资源。多利用高效的保温隔热、防水防潮材料，降低建筑舒适度对人工技术调节的依赖。

参与式建造。"参与式"在实践项目中不是一般意义上的参加，是在实际项目中受到决策影响的主体积极地、全面介入到决策、实施，管理、监督以及利益分享的全过程，参与的本质在于分担、分享、共担、共享。形成以村民为主体，以安全安心、福利健康、景观魅力为目标，自律地、持续不断地改善人居环境的运动。只有和民众一起总结、发展当地营建智慧，才能真正促进当地文化的进步，形成当地新的有特色的生产生活智慧，建立长期的村庄自我更新建造的动力，朝向一致的目标奋斗。

从建筑风格来看。中央城镇化工作会议明确要求，城镇建设要传承文化，发展有历史记忆、地域特色、民族特点的美丽城镇。要依托现有山水脉络等独特风光，融入现代元素，让传统优秀文化在保护中发展，在发展中保护，延续城市历史文脉。湖北是长江中部地区的重要支撑点，是我国城乡统筹、四化融合、新型城镇化的先行先试地区和中西部经济腾飞的发力点。

但是，湖北古代建筑与周边省份的建筑形式明显趋同，鄂西北建筑接近豫南建筑，鄂东南接近徽派建筑，鄂西接近川东建筑，而在风格的纯正性、空间的丰富性、格局的完整性、细节的精美度等方面，湖北古代建筑又与相邻省份的建筑存在差距。由于古代楚地文化已不存在自成体系的文化结构，荆楚建筑风格虽持续影响后世，也仅体现在建筑的某些方面，使湖北古代建筑个性不强，地域特色不鲜明。由湖北省社科院、中南建筑设计院股份有限公司、中信建筑设计研究总院有限公司、武汉大学城市设计学院、华中科技大学建筑与城市规划学院承担的"荆楚派"建筑风格研究与应用工作，近日已取得初步成果。"荆风楚韵"到底是个什么样子？荆楚建筑文化的历史和现状如何？传统与现代又是怎样交融？这些问题，在此次研究中，得到了较为全面、深入和系统的回答。

荆楚建筑风格的起源（春秋战国时期）。"荆楚"一词最早出现在《诗经》中，今天，也可以将湖北地区的建筑统称为荆楚建筑。从湖北古代建筑来看，建筑类型涵盖了居住、行政、礼制、宗教、商业、文教、景园、防御等各种建筑类型。襄阳、荆州古城是湖北古代建筑中的杰作。历史楚国曾在历史上留下灿烂的文化篇章，其代表性建筑章华台，曾多次被诗人歌颂。楚人将"锐意进取，不断开拓"的创新精神、"气往轹古，惊采绝艳"的艺术境界、"奇诡莫测，意象峥嵘"的艺术想象凝聚在建筑中，使荆楚建筑体现出惊世骇俗的奇异之美，甚至在许多方面达到了后人难以企及的高度。但荆楚建筑的过度奢华，当时就有人提出批评。研究和传承荆楚建筑，也要"去伪存真"。

湖北近代建筑（1861～1949年）主要集中在武汉、沙市与宜昌，少量散于中小城市与村镇，都极具地域特色和时代烙印。湖北近代建筑将地域适应性设计策略运用于居住及公共建筑，从中西混杂、模仿中国固有形式，逐渐创作出成熟的中西合璧建筑形式。湖北的重要事件性建筑已经成为荆楚之地的集体记忆，江汉路、昙华林片、首义片、珞珈山片等区域，目前仍然是武汉市人文气息最为浓厚的城市空间。

湖北现代建筑风格（1953～2013年），通过学习苏联的城市规划、住宅建设、工业建筑方面的设计规程与管理方法，湖北向国际化、现代化迈出了第一步。武重、武锅等工业厂房，以及武汉长江大桥等建筑，都是这一时代的见证。改革开放后，湖北现代建筑的设计创作百花齐放、推陈出新，中南商业大楼、洪山体育馆、武汉亚洲大酒店等现代建筑陆续涌现，到今天，一些建筑，如国博中心、楚河汉街等，已成为湖北现代物质文明和精神文明的重要标志。荆楚民居、湖北各地区民居呈现不同的地域特征。这些历史建筑蕴含着荆楚文化的深厚内涵，承载着"大气、兼容、张扬、机敏"的人文精神和"庄重与浪漫，恢宏与灵秀，绚丽与沉静，自然与精美"的美学意境，形成了湖北"高台基、深出檐、美山墙、巧构造、精装饰、红黄黑"兼蓄并重的多元建筑风格特色。但建筑是实用的建筑，建筑要成为建筑，必须以需求为基础，建筑与过去相关，我们要学习过去，才能沉浸到未来，不能单纯地以古籍典故的记载作为判断当地特色建筑的标准，这些记载的建筑通常都是以天价时间堆积起来的，从研究民居建筑开始，研究民俗、民风、生活习惯和文化审美、精神层面的要求，使其互相融合，依托丰富的荆楚建筑文化内涵推进村落建设。

鄂州市地处湖北东南部靠近江西、安徽，受徽派建筑影响较多，传统建筑风格吸纳了多方特点，依据地理情况，发展出细致的差异。建筑风格就是建筑形象所表达出来的文化信息，处于核心地位的是对我们文化中积累的，符合人类未来发展的信息提炼，结合信息用切合的形式表达出来。这种文化信息是基于地理特征的生产生活智慧总和。风格不等于形式，但是风格又离不开形式。风格是千变万化，是一种社会的不断发展；而形式本身，也是一种社会发展，科学的发展。这些成果应该认真分析总结，指导未来，我们过去采用了哪些方式和方法，今后哪些技艺、哪些文化是我们还缺乏的，这种分析总结对今后的现代建筑，是极有价值的借鉴。建筑追求创新，建筑在形式上不能僵化，有这样的形式，也有那样的形式，这体现了一种审美追求。在结合文化内涵的基础上，从画境的角度出发，构建村落独特的面貌是我们专业深入研究的主题。这种深入研究必须建立在扎实的形式语言基础研究上，通过分析对比众多形式语言特点，提炼精华的，最具表现力的，同时符合上述规划原则的基础上，反复实践，不断发展。

2.6.6 村落环境设计

村落的环境设计应在保留乡村景观肌理的基础上，综合规划原则，达到生态效益、社会效益和经济效益的平衡。

村落环境设计的肌理首先体现在文化景观方面。包括土地利用方式、房屋建筑、聚落形态以及风土人情、思想形态、生活方式、宗教信仰和道德观念等方面，同时也体现在自然景观方面，这主要是自然选择的结果，优秀的传统文化景观是人们长期改造自然和适应自然的智慧和结晶，更能体现浓郁的地方风情，因此，乡村景观建设应该是在现代科技发展的前提下，对传统文化景观的继承和发展，不是对传统城市发展道路的延续。

村落环境设计内容强调空间格局对环境生态过程的控制和影响。其以空间结构的调整和重新构建为基本手段，包括调整原有的景观格局，引进新的景观组等，以增加景观的异质性，改善受迫或受损生态系统的功能，提高景观系统的总体生产力和稳定性，将人类活动对于景观演化的影响导入正向的良性循环，对整个村落的布局、特色塑造和生态环境的保育起着重要作用。

注重未来现代化农业对空间格局的影响，生态农业、观光农业、现代都市农业、多功能化高度集约化的规模化农业，特别是规模化农业的发展，将改变原来的村落人口密度、人口结构，这些人口构成上的变化会影响村落环境设计的需求、规模、类型等。这些产业模式的调整将使村落从单纯的农副产品的生产基地演变为城乡休憩度假旅游的场所。

同时，农业的大地景观也会产生较大的变化，如规模化的塑料大棚、规模化的畜牧业养殖基地等，这些生产方式会对原先的小田肌理产生更改，从而改变原有的大地肌理。因此，应对规模化农业的生产要素进行深入调研，较好地平衡乡村原有景观资源与规模化农业的结合，在实际操作中，保护或建设几个大型的景观类型单元斑块或基质，作为物种生存的自然栖息地、水源涵养或生产基地，并有足够的主要廊道加以连接满足生物体的空间运动；而在特色区或已建成产业区域需要有一些小的自然斑块和廊道，实现孤立斑块间的物质和能量的交换和流通，具有很重要的生态学意义。比如，通过构建水系廊道，把孤立的水体和自然残余斑块联系起来；种植农田防护林网或树篱，为鸟类或其他动物迁移和捕食提供栖息地和通道；或者通过道路两旁的绿化带或护路林来为孤立斑块间联系提供通道等；农田生态系统应实现高效和无害化，生产绿色产品，严格限制农业生产和土地利用强度；保护好的水体景观，控制郊区的围湖造田，开垦河道和湿地，保护绿带、绿块中的自然生态系统的完整性，重点保护水源区景观生态体系。通过自然和农业景观优先原则，集中与分散相结合的布局模式，构筑优美和谐与平衡发展的生态环境中，从而实现经济和生态的双赢。

随着我国现代化农业进程的加快，村落建设面临前所未有的挑战和机遇，如何应对产业结构调整、产业技术提升、外来文化和城市发展对乡村带来的冲击，将是中国乡村社会发展面临的关键问题。基于以上分析，借鉴国内外乡村发展的经验教训和目前我国的社会现状，总结认为，我国村落建设应该积极推动城乡经济一体化整合发展，着眼于塑造具有地方风貌和时代特色的村落环境，实现当代科学技术与文化、民族传统文化和时代环境的有机融合，实现对传统文化的继承与创新。同时，以科技为依托，发展现代农业，实现共同富裕。

2.7 设计实践

1. 湖北省鄂州市细屋熊村村史馆改造
2. 湖北省鄂州市细屋熊村民居改造
3. 三思而行——以湖北省鄂州市细屋熊湾民居为例
4. 民居建筑改造——以湖北鄂州市涂家垴镇细屋熊湾废旧民居为例
5. 民居室内改造——以湖北鄂州市涂家垴镇细屋熊湾民居为例
6. 景观构筑物——以湖北鄂州市涂家垴镇细屋熊湾泉眼处景观休憩平台为例

1 湖北省鄂州市细屋熊村村史馆改造

■ 设计说明

改造建筑为村湾内仅剩一扇书写着"高阳甲第、三楚高风"如意门的古建筑。改造为村史馆使用。

设计团队认为新的"原创性"是建筑的当地沿革、建筑的在地性、建筑的未来趋势三者综合的展现。"当地沿革"涵盖了材料、工艺、结构、形式语言、习俗等;"在地性"包括了本土营建、地形地貌、文脉等;而"建筑的未来趋势"则是建筑是否有长久的生命力、再生力的表现。只有三者均衡才是"原创性"的最佳表达。

建造的工人是村里的留守老人和归家的村民。机械也只有一台挖掘机。村湾由于靠近湖泊,泥土资源较好,留存有明朝时期制造陶器的窑址,和20世纪80年代制造红砖的砖窑,村民最擅长与砖材料相关的制作。

2 湖北省鄂州市细屋熊村民居改造

■ 设计说明

    细屋熊村湾中原有的两栋需改建闲置民居，在一场大雨过后，坍塌了一栋，改建项目变成了一栋还建与一栋改建。

    对民居设计而言，身体对空间体验与建构，是尤为重要的尺量，好的设计作品能自觉消除抵抗图像和意义的干扰。

    还建民居以本地还建政策、细屋熊村民公约为设计依据。建筑占地及面积的限定，以及当前生活方式的新功能需求，决定了空间紧凑型特点。由内而外的设计方法，精准空间尺度，恰好达到目标。

    建造材料与结构形式的时代变化，贯穿当代乡村建筑面貌，基于自组织建造施工技术条件的结构形式、材料性价比，是乡村建造的普遍选择，对拆旧材料的再利用更是信手拈来。

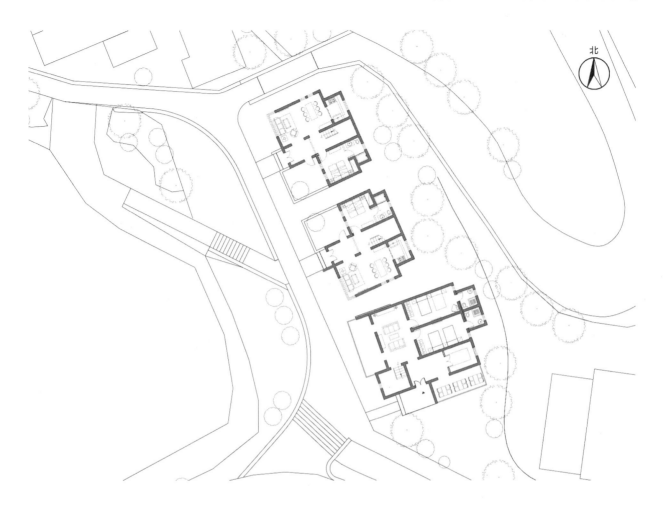

3 三思而行——以湖北省鄂州市细屋熊湾民居为例

2018年，湖北美术学院环境艺术设计系吕欣珂、刘昀、李盛方以三个建筑空间的差异化比较研究，在湖北省鄂州市细屋熊湾展开建筑空间的文化内涵研究。

近代两湖平原民居从1950年的两间土房开始不断演变；20世纪七八十年代的三间瓦房强调房屋布局及规制；20世纪90年代时，发展成为五间出厦；自2000年起，二层小楼的出现标志着楼房第一次走进了农村，但由于建造技术与农民审美水平上的不足，已不具备文化特征；2010年起，民居高度体现了优越性和显眼性，民居建造掺杂着攀比斗富的心理，建筑的实用性或许不在考虑之列。

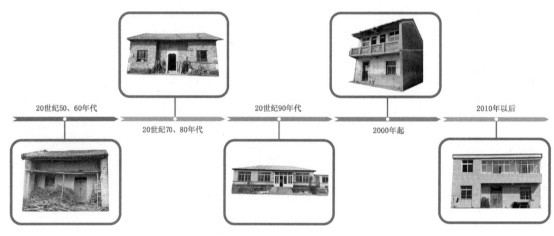

湖北梁子湖地区民居发展概况

研究一：从传统庭院空间的内涵与特点入手，通过对建筑空间与庭院围合方式的改造，使建筑与环境产生交流，创造建筑与环境间的过渡空间，丰富人行流线。

研究二：从功能布局入手，在原本功能单一的布局中为其设计符合现代人类生活需要的新功能，使得新民居能够更好地满足现代农村生产生活及发展旅游业等相关业态的需要。并由内而外地对其外立面进行再调整，形成符合大众审美的民居立面新模式。

研究三：通过空间解构、植入传统空间形态、优化或新增功能等方法，以建立以虚空间为新媒介，建立起该建筑与人文、自然、使用者之间的联系，使得新民居能够更好地满足现代农村生产生活及发展旅游业等相关业态的需要，与地域环境产生交流。

结构

砖墙和内框架混合承重，西面空间以框架代替墙承重，外围护墙兼起承重作用，这样的方式为建筑内争取了较大的空间，但其中的承重墙无法控面太窄，原有熊冬民房建筑能能改动的墙集中在框架部分。其次建筑一层的北面空间厨房可单独建造的空间，也可拆除。

屋顶为坡屋顶，木质结构。

材料

熊冬民房屋顶材质为灰色瓦片，屋顶结构材质为木头，建筑北、东、南三面表皮为灰色水泥材质，西面表皮为白色瓷砖，建筑表皮单一。选取的材料简单易得。

形式

造价低，建造材料易得，可就地取材，建造技术简单，建筑形态单一。

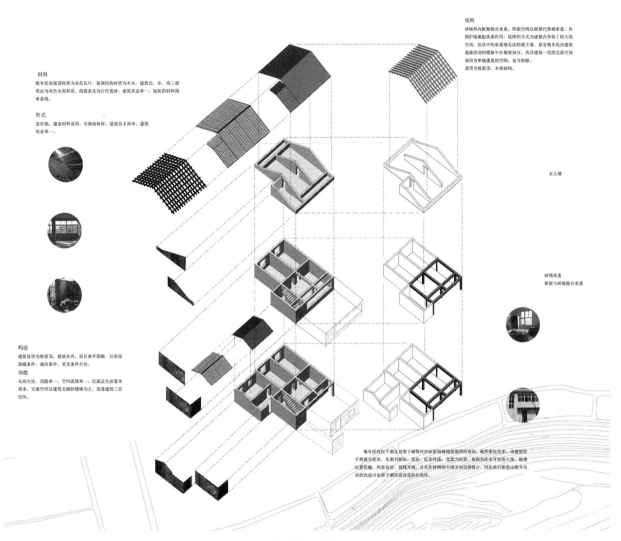

女儿墙

砖墙承重

框架与砖墙混合承重

构造

建筑屋顶为坡屋顶，建筑室内，居住条件简陋，且房屋保暖条件、通风条件、采光条件欠佳。

功能

布局欠佳，功能单一，空间流线单一，仅满足生活基本需求，交通空间以建筑北侧的楼梯为主，连通建筑三层空间。

熊冬民房位于湖北省梁子湖鄂州市涂家垴镇烟屋咀岛的南部，地势变化较多，该建筑位于西面为花田，东面为稻田，背址：以及河湾，北面为民居，南面为还长有发的土地。地理位置优越，风景良好，视线开阔，且具有鲜明的中国乡村民居特点，因此我们想借由熊冬民房的改造讨论梁子湖民居改造的在地性。

熊冬民房现状分析

本设计通过对加建空间的解构，增加新的功能空间，植入传统庭院空间，使加建空间成为原熊冬民房与外界联系的媒介，以此建立起人文、自然、使用者以及建筑之间的联系，使得新民居能够更好地满足现代农村生产生活及发展旅游业等相关业态的需要，并为湖北省民居的研究更新提供相关支持。

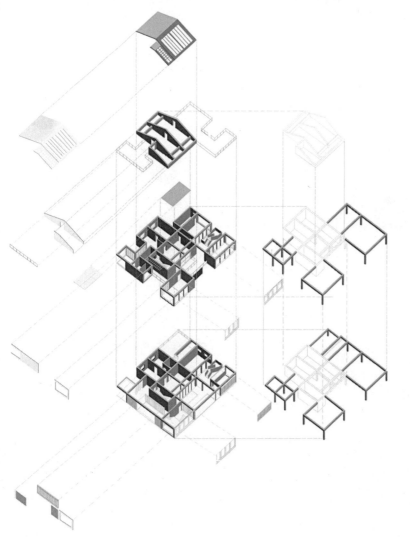

原有熊冬民房建筑

在原有熊冬民房建筑外罩一个方形盒子

拆除原有厨房空间

保留原有建筑的入口并围绕建筑形成环绕流线

在二层挖出露台

用交通空间将庭院和露台连接

整理各个空间

指导：周彤（教授）
设计：李盛方
时间：2018年
地点：鄂州市涂家垴镇细屋熊村湾

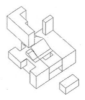

在一层挖出天井、庭院，创造采光空间、公共活动空间

设计方案展示
（来源：李盛方）

本设计从功能布局入手，在原本功能单一的布局中为其设计符合现代人类生活需要的新功能，加强空间布置的合理性和使用的舒适性，使新民居能够更好地满足现代农村生产生活及发展旅游业等相关业态的需要，同时从布局出发，对其外立面进行再调整，形成符合大众审美的民居立面新模式，同时为其注入传统元素，为湖北民居研究更新提供相关支持。

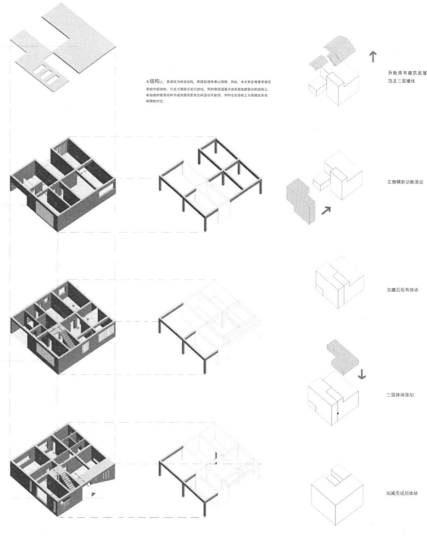

原建筑体块

拆除原有建筑坡屋顶及三层墙体

左侧辅助功能添加

加建后现有体块

三层体块添加

加减完成后体块

建筑整体材质为肌理感丰富的白色混凝土，立面材质无太大变化。通过纯净的色彩强调建筑的整体效果及体量感。

为了解决北立面无风景及面对邻居无遮挡的尴尬情况而设置了室内天井，意图将室外风景引入室内，为新加建功能提供良好的景致，也是传统形态在现代建筑上的体现。

在新加建部分运用了中国传统民居的花格墙元素，与原建筑封闭的石墙效果形成鲜明的新旧对比，从立面上构成了虚实的对比。

室内庭院的介入使得原本封闭的建筑与自然有了对话。

在结构上，原建筑为砖石结构，原建筑墙体带山拆除、拆分，本方案含着重新建筑原始内部结构，只是少部分进行改动，同时将结建筑重点放在增加建筑新的结构上，新加建的框架结构为建筑提供更多空间活动可能性，同时在立面构造上与原建筑形成鲜明的对比。

指导：周彤（教授）
设计：刘昀
时间：2018年
地点：鄂州市涂家垴镇细屋熊村湾

设计方案展示
（来源：刘昀）

通过"小中见大"的传统庭院空间植入方式，将建筑外环境分成六个相互过渡的庭院空间。以流线为线索，以庭院为媒介将新旧建筑融为一体，改善原建筑与周围环境生硬的关系。通过开窗、墙体围合等使建筑室内外空间产生交流。

原建筑成立独立个体与周围环境缺乏互动。活动流线单一。

在保留原结构基础上，将建筑一层南北打通。使建筑初步与周围环境产生交流

建立围墙。与北部其他民居和东部道路产生界限，初步营造私密环境。

添加不足的辅助空间

由于上一方案影响庭院活动流线，故将部分辅助空间上移，重新构成流线。同时，使一层更好融入环境，丰富活动流线。

右侧辅助空间外移，加窄道相连。通过光影变化强调南北通道所给予的空间中纵深感，同时丰富活动流线。

通过研究空间进退关系，二层加建阳台加建围墙。使主入口与次入口活动流线变化丰富，达到使建筑与周围环境巧妙融合，增强活动趣味性。

指导：周彤（教授）
设计：吕欣珂
时间：2018年
地点：鄂州市涂家垴镇细屋熊村湾

设计方案展示
（来源：吕欣珂）

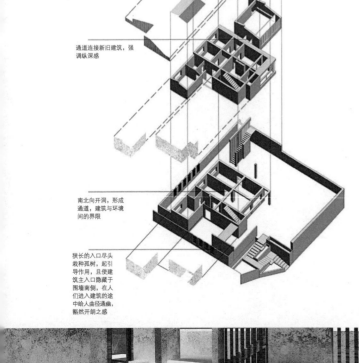

通道连接新旧建筑，强调纵深感

南北向开洞，形成通道，建筑与环境间的界限

狭长的入口尽头栽种孤树，起引导作用，且使建筑主入口隐藏于围墙南侧，在人们进入建筑的途中给人曲径通幽，豁然开朗之感

4 民居建筑改造——以湖北鄂州市涂家垴镇细屋熊湾废旧民居为例

　　从修缮废弃民居的角度切入，改建了一幢废弃的三层砖混结构民宅，在保留乡村风貌和地域特色的前提下，将旧民宅改造成一个能够吸引外来人群的集居住、餐饮、休闲为一体的综合民宿度假空间，使民宅起到提升乡村生活质量、拉动乡村产业、激活乡村的作用。

　　民宅的改造设计旨在改变原有封闭建筑形态，优化空间布局，合理进行建筑功能的补足，将新建部分与保留部分形成一种互相融合的空间关系，通过加强建筑与环境、建筑与人群的联系，提升建筑整体的通透性，以及空间可能性。

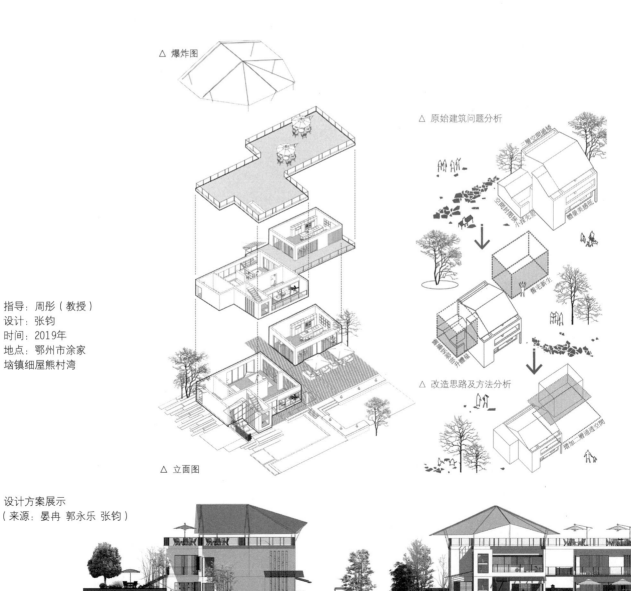

△ 爆炸图

△ 原始建筑问题分析

指导：周彤（教授）
设计：张钧
时间：2019年
地点：鄂州市涂家
垴镇细屋熊村湾

△ 改造思路及方法分析

△ 立面图

设计方案展示
（来源：晏冉 郭永乐 张钧）

5 民居室内改造——以湖北鄂州市涂家垴镇细屋熊湾民居为例

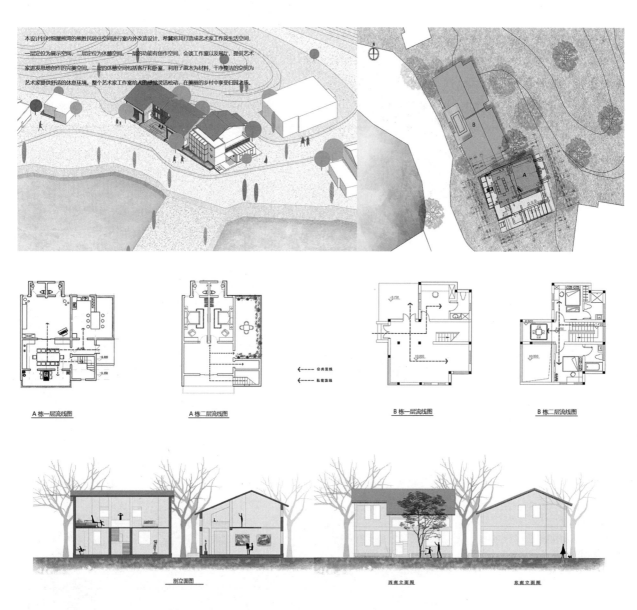

本设计针对细屋熊湾的熊胜民居住空间进行室内外改造设计，希冀将其打造成艺术家工作及生活空间，一层定位为展示空间，二层定位为休憩空间。一层的功能有创作空间、会谈工作室以及展厅，提供艺术家进发思想创作的完美空间。二层的休憩空间包括客厅和卧室，利用了徽木为材料，干净整洁的空间为艺术家提供舒适的休息环境。整个艺术家工作室给人的感觉灵活松动，在美丽的乡村中享受归园之乐。

A栋一层流线图　　　A栋二层流线图　　　B栋一层流线图　　　B栋二层流线图

←---- 公共流线
←---- 私密流线

剖立面图　　　　　　西南立面图　　　东南立面图

设计方案展示
（来源：吏希超 陈俊州
戴绍敏 刘至卓 陈衍萱）

6 景观构筑物——以湖北鄂州市涂家垴镇细屋熊湾泉眼处景观休憩平台为例

　　村湾是典型的湖泊水网小型村落形态，山、水、田、苍翠的景观是村湾最大的资本，景观构筑物强调与自然环境相和谐，谦逊地融入原始景观中，并希望能饱览周边景观。通过周边景观与构筑物的交融与延伸，产生丰富的意境，推动周边地区进一步发展。

　　设计说明：该构造物位于次要道路一侧，在村庄主干道东南侧有一个入口标识，构造物由两层构成，一层为半开放公共区域，可作为村民小型集会、看电影、日常劳作休憩的去处；二层是由半开放空间和开放的观景平台构成，半开放空间的西南侧是落地玻璃，作为游客喝茶观景的休闲场所。为了避免公共卫生间带来负面影响，周边种植多种香气植物，利用植物构造适宜的氛围。

指导：周彤（教授）
设计：王志慧
时间：2019年
地点：鄂州市涂家
垴镇细屋熊村湾

设计方案展示
（来源：王志慧）

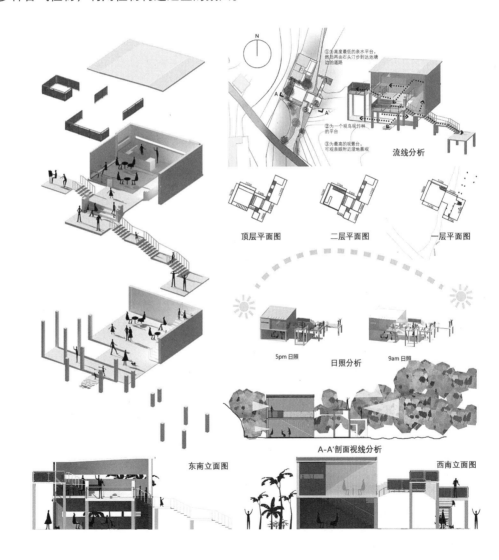

流线分析

顶层平面图　　二层平面图　　一层平面图

5pm 日照　　日照分析　　9am 日照

A-A'剖面视线分析

东南立面图　　西南立面图

项目实施

3 项目招生

　　至十六届五中全会提出的建设社会主义新农村的重大历史任务以来，乡村建设已经历经从"村村通""环境整治""美丽乡村"，到实现全面建成小康社会的乡村振兴战略，从单项突破到综合治理的建设思路，也对乡村建设提出了更高的要求。

　　培养人才是实现目标的起点，让更多基层的管理者、建设者、乡村建设的参与者的综合能力得到提高，是落实"留得住乡愁"最好的策略。

培养理念： 以文化为引领，融合建造、艺术、生态、经济、管理的多学科认知为方法，建立居民文化认同感，落实科学发展观，实现创新性发展。

培养目标： 从完成系统化的基本认知，到实现规划、设计、运营、管理一体化的综合素质提升。

招生范围： 乡村建设的管理者、相关技术人员、乡建设计者、文创策划及运营管理人员。

4 课程结构

课程主要涉及的知识内容包括：农村产业规划、农村土地政策解读与乡村规划、景观生态学、风景园林规划设计、美学与乡村建设、建筑设计。

4.1 课程计划

分三个阶段进行：

阶段1：集中理论授课阶段。聘请国内知名学者进行理论讲述，涵盖课程结构中的所有内容。时间为15天。

阶段2：考查调研阶段。由教师组织并带队赴浙江横岗国际艺术村、乌镇、湖北鄂州等地进行实地的调研和考查，教师进行讲解并组织学员进行现场研讨。时间为12天。

阶段3：乡建工作坊阶段。从教师团队中选择实操经验丰富的教师组成辅导小组，要求学员在工作坊阶段根据个人的兴趣与特长，完成实际案例的调查、分析、规划设计，并提交作品。时间为33天。

4.2 课程设置

培训主要内容包括：乡贤文化与核心价值观、"江河流域"传统村落文化保护现状与建议、江汉平原历史文化与民居建筑形式研究及继承发展、湖泊水网地区农业产业化布局及发展、山水园林与江汉平原村落建设、中国传统山水田园主题画作欣赏、欧洲农业产业现状与乡村形态关系、中国传统田园诗、山水诗欣赏、当代中国"美丽乡村"运行模式解析、乡村综合体发展现状、种植规划设计和生态景观规划、乡村设计与运营、生态环境评价及生物多样性保护和管理等。

5 培训时间

根据《国家艺术基金申报指南》和《项目资助协议书》的相关规定,培训周期定为2019年5月12日至2019年7月10日,培训总时长共60天,其中,集中授课49天。

具体培训安排:

2019年5月11日报道。

2019年5月12日—5月26日邀请业内知名专家进行授课。

2019年5月27日—6月7日通过实地考察乌镇横港国际艺术村、梁子湖涂家垴上鲁村等,帮助学员了解国内创意产业和美丽乡村的最新发展态势。

2019年6月8日—6月28日选取一座正在进行保护与开发的村落作为设计基地,在教师联合指导下让学员针对现实的案例深入现场,与地方政府、专家、居民一起通过联合创意设计解决有关现实问题。

2019年6月29日—7月10日将设计成果进行整理及展览展示设计、制作,并对整个培训进行总结。

6 师资力量

项目负责人：周彤

项目联络人：潘延宾、丁凯

讲 学 专 家：来源于对乡村及相关问题有研究的国家级专家，也是对我们的教学、研究团队有过指导的专家，包括哲学、美学、历史、社会学的学者，湿地生物、植物、建筑、规划的学者，以及在实践领域做出成绩的专家。包括社会学、经济学、生态学、美学、规划、建筑、园林等方面的专家学者以及湖北美术学院相关专业的教授。

7 专家论坛

农业产业发展及提升策略

凌远云

华中农业大学经济管理学院 副教授

"湖泊水网地区传统村落的创新营建人才培养"系列讲座第一讲
湖北美术学院环境艺术设计系A12教学楼
2019年5月12日 上午
根据讲课录音整理 整理人：蒋俊杰 刘扬

讲座主题

讲座围绕"乡村振兴战略""精准扶贫""农业产业发展相关问题"等热点话题展开，归纳总结了现代农业的多功能特征，解读了三产融和相关政策，并提出了三产融合的具体途径及方法，即搭建融资、创新、信息、创业四大平台，实现五个转变。为推进农村产业融和发展提供了新思路与新方法。

1 乡村振兴战略

1.1 十九大报告提出实施七大国家战略

科教兴国战略、人才强国战略、创新驱动战略、乡村振兴战略、区域协调发展战略、可持续性发展战略、军民融合发展战略。

乡村振兴战略是最后提出的战略，但居于中间位置。而前三个战略则可概括为创新发展战略，后三个战略可概括为协调发展战略。

1.2 乡村振兴战略总要求

产业兴旺、生态宜居、乡风文明、治理有效、生活富裕。

1.3 乡村振兴战略五大振兴

产业振兴、人才振兴、文化振兴、生态振兴、组织振兴。

1.4 乡村振兴战略七大要求

城乡融合发展之路、共同富裕之路、质量兴农之路、绿色发展之路、文化兴盛之路、乡村善治之路、中国特色减贫之路。

2 精准扶贫

2.1 脱贫攻坚"五个一批"

通过扶持生产和就业发展一批、通过易地搬迁安置一批、通过生态保护脱贫一批、通过教育扶贫脱贫一批、通过低保政策兜底一批。

2.2 十大脱贫工程

产业扶贫工程、就业扶贫工程、生态补偿扶贫工程、易地搬迁扶贫工程、村庄整治扶贫工程、危旧房改造扶贫工程、基础设施建设扶贫工程、最低生活保障扶贫工程、教育扶贫工程和健康扶贫工程。

3 农业产业发展相关问题

3.1 工商资本进入农业

对于一个没有经营过农业的公司来说，几乎没有把农业板块做好的先例。恒大、联想、网易、武钢等国企跨行做农业，几乎是只亏不盈。

目前农产品新鲜超市蓬勃发展，真能实现盈利的也是微乎其微。盒马、永辉旗下的超级物种、京东的7Fresh、美团的掌鱼生鲜、步步高的鲜食演义、百联集团的RISO、世纪联华的鲸选、高鑫零售的大润发优鲜、苏宁的苏鲜生、乐家新鲜等，大部分也是投资烧钱赚吆喝。

3.2 小农户对接大市场

通过各大工商企业的案例表明，新技术、新模式的引进并不能解决农业问题。而造成农产品市场价格波动幅度大的原因有两个：

（1）单个农户无法预测市场的需求情况，也难于预测市场的供给情况。

（2）小农户对接大市场面临巨额的信息收集与处理成本。

3.3 生产有机食品需要考虑的三个问题

（1）如何识别有机食品？

（2）愿意为有机食品支付的价格比非有机食品高出多少？

（3）如果有机食品的价格是非有机食品的3倍以上，还愿意购买有机食品吗？

3.4 现代农业产业分类

（1）产前领域：包括农业机械、化肥、水利、农药、地膜等领域。

（2）产中领域：包括种植业（含种子产业）、林业、畜牧业（含饲料生产）和水产业。

（3）产后领域：包括农产品产后加工、存储、运输、营销及进出口贸易等产业。

3.5 农业要实现多功能

（1）食物保障功能（2）原料供给功能（3）就业收入功能

（4）生态保育功能（5）旅游休闲功能（6）文化传承功能

4 三产融合相关政策

4.1 相关政策

（1）《国务院办公厅关于推进农村一二三产业融合发展的指导意见》（国办发〔2015〕93号）。

（2）农业部、国家发展改革委、财政部、国土资源部、人民银行、税务总局等《关于促进农业产业化联合体发展的指导意见》。

（3）财政部设立农村一二三产业融合发展试点专项资金。

4.2　2017年中央一号文件

（1）建设集循环农业、创意农业、农事体验于一体的田园综合体。

（2）推进农村一二三产业融合发展，延长农业产业链，提高农业附加值。

（3）利用"旅游+""生态+"等模式，推进农业、林业与旅游产业深度融合发展。

（4）加快发展农产品电商，提高农业全产业链收益。

4.3　2018年中央一号文件

（1）实施乡村振兴战略：建立健全城乡融合发展体制机制和政策体系，统筹推进农村经济建设、政治建设、文化建设、社会建设、生态文明建设和党的建设，加快推进乡村治理体系和治理能力现代化，加快推进农业农村现代化，走中国特色社会主义乡村振兴道路，让农业成为有奔头的产业，让农民成为有吸引力的职业，让农村成为安居乐业的美丽家园。

（2）主要抓手：实施质量兴农战略；建设现代农业产业园、农业科技园等；建设休闲观光园区、乡村民宿、特色小镇等；建设宜居宜业的美丽乡村。

5　三产融合途径及方式

5.1　三产融合途径

5.1.1　农业+互联网

（1）应用互联网技术推进"智慧农业"建设。

建设和完善设施农业综合服务平台。

建立第五师农牧业质量追溯系统。

（2）加快现代化农村物流产业链建设，打造智慧物流。

建设现代化农村物流产业链。

打造智慧物流平台。

（3）推动电子商务进农村。

完善农村物流服务体系。

将电子商务与乡村旅游文化相结合，探索"电子商务+旅游文化+农产品+农村消费"的电商发展模式。

5.1.2　农业+循环利用

（1）沼气综合利用模式

以沼气为纽带，将畜禽养殖场排泄物、农作物秸秆、农村生活污水等作为沼气基料处理转换成沼气，产生的沼气作为燃料，沼液、沼渣作为有机肥。开展沼渣、沼液生态循环利用技术研究与示范推广。

（2）以食用菌为纽带循环利用模式

将食用菌种植产业和其他产业结合延长产业链条，形成"秸秆、棉籽壳—食用菌原料—食用菌—食用菌废弃物—蛋白饲料—畜禽养殖—粪便肥料—还林（田）"的"绿色产业链"。

5.1.3 农业+旅游

（1）依托乡土文化和现代农业优势，以及绿廊、湿地、田园、民居等构成的乡村多元生态环境，打造以农家乐、采摘园等传统乡村旅游。

（2）以"三乡工程"为抓手，打造市民下乡、能人回乡、企业兴乡的环境，建造民宿、创业创客基地。

（3）以中学生自然教育为抓手，打造中小学科普教育、体验基地。

5.2 三产融合方式

（1）1+3融合服务业向农业渗透，利用农业景观和生产活动，开发休闲旅游观光农业；利用互联网优势，提升农产品电商服务业；以农业和农村发展为主题，以论坛、博览会、节庆活动等内容展现农业。

（2）1+2融合利用工业工程技术、装备、设施等改造传统农业，采用机械化、自动化、智能化的管理发展高效农业。典型代表如生态农业、精准农业、智慧农业、植物工厂等。

（3）2+3融合二产向三产拓展的工业旅游业，以工业生产过程、工厂风貌、产品展示为主要参观内容开发的旅游活动；三产的文化创意活动带动加工；通过创意、加工、制作等手段，把农村文化资源转换为各种形式的产品。

（4）1+2+3融合农村三产联合开发生态休闲、旅游观光、文化传承、教育体验等多种功能，使三种产业形成"你中有我、我中有你"的发展格局；典型业态有农产品物流、智慧农业、工厂、牧场观光、酒庄观光等。

6 结语

讲座综合近年来乡村旅游发展态势，结合观光农业的行业及功能分类，要实现农业产业发展的提升，归纳总结了需搭建四大平台：融资平台（农业发展投资公司）、创新平台（农产品加工园区孵化器、农业技术推广示范）、信息平台（物联网应用基础设施和服务平台、电子商务平台）、创业平台（农民农业创业园、职业农民培训）。同时也归纳总结了建设的五大工程：绿色农产品加工业提升工程；农产品质量安全与品牌整合工程；农村一二三产业融合发展示范工程；科技与物质装备支撑工程；新型农业经营主体培育工程。最终实现五个转变，即产品变礼品；田园变公园；农房变客房；资源变资产；村民变股民。

生态适应性评价以及生物多样性保护

滕明君

华中农业大学 博士 副教授

"湖泊水网地区传统村落的创新营建人才培养"系列讲座第七讲

湖北美术学院环境艺术设计系A8教学楼

2019年5月14日 下午

根据讲课录音整理 整理人：蒋俊杰 刘昀

讲座主题

对生态学的起源、生态学基础、生态系统服务、生物多样性保育、生态适宜性评价等问题做出了介绍，并对相关的基本概念做出了解释，对于全球环境问题大背景下的生态学问题作出了详细的讲解。

同时，介绍了生物多样性，提出保护生物多样性的原因，阐述了景观生态评价板块的几种评价方法，并以三峡库区防护林类型空间优化配置为例进行讲解。

1 全球环境问题与可持续发展

1.1 全球环境问题

（1）全球气候变化，全球平均温度明显上升，温度升高明显加速。19世纪以来，气候变化非常明显；气候变化与经济、生活、植物的配备、粮食的产量、生物病菌、极端天气变化等都是密切相关的。

（2）城市化，据国家统计局、联合国、恒大研究院的研究结果显示，从1950年到2050年，中国人口的城镇化率将增加至80%。

（3）土地利用/覆盖变化，以深圳市为例，其城镇用地自1980年至2008年占据了大量的林地。

（4）森林和湿地破碎化严重，2014年1月公布的第二次全国湿地资源调查结果显示，全国湿地面积5360.26万公顷，湿地面积占国土面积比为5.58%。与第一次调查同口径比较，湿地面积减少了339.63万公顷，减少率为8.82%。

（5）环境污染与气象灾害。

（6）生物多样性退化，物种灭绝。

1.2 城市化及城市化问题

（1）城市人口急剧增加，能源消耗和碳排放增加，生态环境压力巨大。2011年末，我国城镇人口达到6.91亿，占全国总人口的51.27%，人口城镇化率首次超过50%的拐点。

（2）城市不透水面迅速扩张，侵占城市生态用地，人与自然距离增加。

（3）城市绿地破碎化严重，绿地生态服务降低，生物栖息地减少，生物多样性降低。

（4）城市地化循环改变，水污染、大气污染、热岛/冷岛效应等环境问题日趋严重，影响城市居民健康。

（5）城市生态系统健康受胁，应对气候变化和生态风险（如雨洪、干旱、风暴灾害等）能力降低，灾害频发。因此，全球60%的人口生活在城市，每日进食、所耗费的能源和需要清理的垃圾都需要大量的空间来实现。随着人类对粮食的需求不断增加，大量土地被征用成为农田，森林不断被砍伐，森林面积不断减少，非常不利于对生态多样性的保护。同时，废水、废气、废渣污染日益增多，干旱、风暴、雾霾也在不断加剧，大量濒危生物迅速消失。

1.3 可持续发展

（1）习近平在中国共产党第十九次全国代表大会上的报告提出：决胜全面建成小康社会，夺取新时代中国特色社会主义伟大胜利，必须认识到，我国社会主要矛盾的变化是关系全局的历史性变化，对党和国家工作提出了许多新要求。我们要在继续推动发展的基础上，着力解决好发展不平衡不充分问题，大力提升发展质量和效益，更好满足人民在经济、政治、文化、社会、生态等方面日益增长的需要，更好推动人的全面发展、社会全面进步。人类必须尊重自然、顺应自然、保护自然。我们呼吁，各国人民同心协力，构建人类命运共同体，建设持久和平、普遍安全、共同繁荣、开放包容、清洁美丽的世界。要坚持环境友好，合作应对气候变化，保护好人类赖以生存的地球家园。

（2）新时代坚持和发展中国特色社会主义的基本方略也讲道：要推进绿色发展，着力解决突出的环境问题，加大生态系统保护力度，改革生态环境监管体制。

（3）IUCN，1980《世界自然资源保护大纲》要求必须研究自然的、社会的、生态的、经济的以及利用自然资源过程中的基本关系，以确保全球的可持续发展。

2　生态学的概念、起源与发展趋势

2.1　生态学的定义

生态学是研究有机体与环境间关系的一门科学。"生态学"（Ökologie）一词是1866年由两个希腊词 Oικοθ（房屋、住所）和 Λογοθ（学科）构成。最早由德国动物学家海克尔（Ernst HPA Haeckel）提出（1866）。

2.2　生态学中的概念与关键词

（1）环境与生态因子：光、热、水、土、气；

（2）种群：动态、格局、调节、生活史、种内种间关系、干扰；

（3）群落：组成、结构、动态、演替；

（4）生态系统：组成、结构、食物网、能量流、信息流、物质循环、生产力、分解。

2.3　生态学的研究对象

细胞、组织、器官、器官系统、生物个体、生物体型、生物群落、生态系统、区域生态系统、生物圈。

2.4　现代生态学的发展趋势

（1）研究层次向宏观和微观两极发展。

（2）研究手段的更新，研究方法由定性描述记载分析向定量与系统分析发展；研究技术由简单仪器设备向现代化仪器设备转变。

（3）研究范围的扩展，由经典生态学向现代生态学扩展。

总之，生态学从传统的观察描述向模拟、预测发展，从动植物种群和生态系统尺度转向微观和宏观尺度及多尺度研究；生态学研究越来越多涉及空间分布相关信息；遥感、地理信息系统、GPS、物联网、互联网、AI等技术的发展使人类能够在更大尺度更深入了解我们的生态系统和我们的星球。

3 生态学基础

3.1 环境

从广义上讲，环境是与某一特定主体有关的周围一切事物的总和，其针对特定的主体。

从狭义上讲，环境是生物个体或群体外的一切因素的总和，以生物为主体。

3.2 生态因子

（1）环境因子是构成环境的各种因素。在环境中对生物的生长、发育和分布产生影响的环境因子即为生态因子。

（2）生态因子是指环境中对生物生长、发育、生殖、行为和分布有直接或间接影响的环境要素。生态因子按性质可划分为气候因子、土壤因子、地形因子、生物因子和人为因子五种类型；按作用方式可分为直接因子和间接因子两种类型。生态因子包括宇宙环境、地球环境、区域环境、生境、微环境、体内环境。在大尺度上环境影响中小尺度，直接或间接影响生物，在中小尺度上直接影响生物。

（3）生境，为生物体所居住的地方，是特定范围内的环境，特定范围内的生态因子的总和，生境决定植物物种或植物群落，例如松林生境和沼泽生境等。

（4）自然环境，是指自然界的物种和能量的分体。人工环境，又称发生环境，是指人类开发利用或改造自然环境所构造出的新环境，例如高楼大厦、交通及热排放等。

（5）环境污染，是指当污染物大于环境容量时，则被称为环境污染。

（6）城市环境容量，是指一定的时间、空间范围内，保证城市居民一定的环境质量和生活舒适的环境所能容纳的最大负荷量。影响城市环境容量的因素有城市自然环境因素（气候、地形、动植物）、城市物质因素（工业、建筑）、经济技术因素（经济实力）。

（7）生态因子作用的一般特点分为综合作用、非等价性、不可替代性和互补性、阶段性作用、直接作用和间接作用七种类型。综合作用，是指各个生态因子共同作用且相互作用、相互影响；非等价性，是指影响力不同，主导因子是在诸多环境因子中对生物起决定作用的生态因子，通常通过对生物的作用和因子间的关系来判别；不可替代性是指物质，也就是一个生态因子的缺失不可有其他生态因子来代替；互补性，是指量的可补偿性，当数量不足时，一定范围内可由其他因子调剂和补偿；阶段性作用，是指生物在不同生长发育阶段对生态因子的要求不同；直接作用因子，是指光、温、水、氧气、二氧化碳、粮食等；而间接作用因子，则是指海拔、坡向、坡度、经纬度等。

（8）生态因子作用的基本原理有几点。第一个是最小因子定律，也就是植物的生长取决于处在最小量状况的营养的量；第二个是耐受性定律，也就是生物对每一种生态因子都有一个能够有耐受的上限和下限，上下限之间就是生物对这种生态因子的耐受范围；第三个是生态幅，物种对生态因子适应范围的大小便称为生态幅，不同生物对同一生态因子的耐受范围差别很大，影响耐受性范围的因素有生态因子的性质、生态因子间的相互作用、竞争作用、物种的生长发育阶段与环境条件和氧化六种因素。

（9）环境中各种关系生物，由光（光合作用）、温（城市热岛效应、温室效应）、土（植物对生态因子、土壤酸碱度的生态适应）、气、水（水分决定植被类型）结合起来决定植物的适应、植物对环境因子的改变。

3.3　种群—群落—生态系统

（1）种群：一定空间时间范围内同种生物个体的组合。当评价种群特征时，可分为数量和密度（种群大小、种群密度）、年龄结构（年龄分布、年龄构成）、性比（雌雄比例）、空间格局（个体的分布）来进行。

种群增长模型：分为与密度无关的指数增长模型和与密度有关的增长模型。

种间关系：是构成生物群落的基础，分为无相互作用和有相互作用两种类型。种间关系可通过中立、竞争、辅食、寄生和共生来评价。

生态位：是生态学核心概念之一。生态位是指个体或种群在种群或群落中的时空位置和功能关系。它的范围存在于物理空间、环境条件、资源和营养关系等。生态位高度重叠或接近意味着强烈竞争，不能长期共存；生态位有一定分化，意味着可以共存。

（2）群落：一定空间内出现的不同类型种群的组合，相互关联同时出现。

群落演替：是指在一定的地段上，一个群落被另一个特性不同群落代替的过程；群落演替与群落被动的差异在于优势种的改变与否、群落的性质改变与否和变化是否可逆。

次生演替：是指开始于次生裸地（原有植物被破坏的裸露地段）上的群落演替。

水生演替：由水分梯度划分可分为沉水植物群落阶段、浮水植物群落阶段、直立停水植物群落阶段、湿生草本植物群落阶段和木本植物群落阶段五种类型。

旱生演替：可划分为地表植物群落阶段、苔藓植物群落阶段、草本植物群落阶段、阳性木本植物群落阶段、耐荫木本植物群落阶段。

（3）生态系统：在一定的空间内，生物与环境、生物与生物之间通过物质循环、能量波动及信息传播相互作用、相互依存而构成的能自我调节生态学功能单位。

食物链：是指生产者与各级消费者之间以食物营养为中心，所构成的连锁关系。

食物网：是指食物链依据能量利用关系相互交织成的复杂网状结构。食物网越复杂，生态系统抗干扰能力越强。

3.4 景观生态学

景观生态学是一门交叉学科，理论基础主要包括：
（1）系统论与整体论；
（2）等级理论；
（3）岛屿生物地理学理论；
（4）复合种群理论与源—汇模型；
（5）渗透理论与中性模型；
（6）空间镶嵌和斑块动态理论。

4 生态系统服务

4.1 概念

指人类从生态系统获得的所有惠益，包括供给服务（如提供食物和水）、调节服务（如控制洪水和疾病）、文化服务（如精神、娱乐和文化收益）以及支持服务（如维持地球生命生存环境的养分循环）。

4.2 类型

生态系统服务是人类赖以生存的基础，按照联合国千年生态系统评估中的分类方式，分为4大类20小类服务类型，分别是供给服务、调节服务、文化服务、支持服务。

5 生物多样性保育概论

5.1 生物多样性的概念

生物的多样化，生物所处环境的变异性以及生物与生物、非生物环境的关系复杂性。主要表现为遗传多样性、物种多样性、生态系统多样性、景观多样性。

5.2 生物多样性测度

α多样性：某些群落或样地中种的数目（群落内的物种多样性）；
β多样性：在一个梯度上，各群落各种属组成的变化程度（群落间的物种多样性）；
γ多样性：不同地理区域，一系列群落内种的数目（区域间的物种多样性）。
一般所说的生物多样性是指群落内的物种多样性——α多样性。

5.3　生物多样性的变化

（1）空间上的梯度变化，高纬度\高海拔\高水深<低纬度\低海拔\低水深（Whittaker, 1970）。

（2）时间变化，随群落演替的变化，演替早期\中期>演替顶极。

（3）随竞争关系改变，竞争导致生态位的分化，生物多样性增加，竞争过强，某些物种消失，竞争则降低了生物多样性。

5.4　生物多样性与群落稳定性

主要表现为现状的稳定、抗干扰的能力、变动后恢复原状的能力。

目前认可度观点，物种/种群的特征功能多样性（functional diversity）是决定生态系统稳定性的关键。

功能群（functional groups）及功能多样性（functional diversity）与生态系统稳定性方面的研究是生态学研究的一个热点，涉及恢复生态学中关键功能群的构建、生态系统功能的恢复等。

5.5　生物多样性保护

（1）生物多样性是人类生存的重要基础。

（2）人类活动干扰和全球气候变化是生物多样性面临的重要威胁。

（3）生物多样性保护是目前全球环境管理面临的重要挑战。

（4）生物多样性维持与保护也是可持续发展的重要目标。

5.6　多样性保育，从保护区到保育网络

（1）建立自然保护区是进行生物多样性保护的关键途径。

（2）原生地保护：自然保护区一般是指原位保护，即在目标物种或生态系统原生地进行保护。

（3）异地/迁地保护：由于原生地不具有生境条件或者原生地其他利用等因素，将目标物种迁移到适宜的区域，建立保护区和相应的保护措施。

6　生态适宜性评价概论

生态适宜性评价是对景观的现状、生态功能及可能的利用方案进行综合判断的过程。并通过景观生态的评价，对景观状况、景观及其组成要素的敏感性、干扰状况等级、景观抗性阈值及其等级分布、景观功能大小、景观格局等进行全面了解，为景观规划、管理与保护提供科学依据。

景观生态评价的主要特点是：面向对象的特定性与针对性；评价标准的相对性与发展性；评价结果的时

空尺度性；评价指标的可调节性。

景观生态评价的基本方法是基于评价因子空间制图的空间权重叠加法。由McHarg提出景观评价的"千层饼模式"，即空间叠加分析。

景观生态评价的程序分为以下七点：

（1）确定评价时空范围和目标；

（2）资料收集与评价单元确定；

（3）评价指标体系构建与分级；

（4）数据提取与实地调查；

（5）指标定量与景观信息系统建立；

（6）权重与评价模型确定；

（7）综合评价与制图。

几种主要的景观生态评价主要有以下五点：

（1）景观生产力评价；

（2）景观适宜性评价；

（3）景观生态服务功能及其评价；

（4）景观生态系统健康评价；

（5）景观的文化、美学评价。

7 生态适宜性评价案例——基于土地适宜性评价的三峡库区防护林类型空间优化配置

本研究在三峡库区2007年Landsat TM遥感影像解释的基础上，基于不确定性及灰色系统关联度修正的土地适宜性评价模型，选取对植被类型和植物生长影像较大的环境指标，对＞25°的坡耕地和未利用土地的植被恢复适宜性进行评价。

整个评价过程分为以下八个步骤：确立评价目标；概述总体评价思路；概述评价结果；划定评价范围；选择适宜的评价方法和标准；提取评价对象；导出评价数据；得出评价结果。

乡村花园设计

姚崇怀

华中农业大学 教授

"湖泊水网地区传统村落的创新营建人才培养"系列讲座第九讲
湖北美术学院环境艺术设计系A8教学楼
2019年5月15日 下午
根据讲课录音整理　整理人：蒋俊杰　郭永乐

讲座主题

　　从乡村消亡和乡村空心化两大问题入手，通过构建乡村景观四大系统，全面深入地从文化、经济、社会、人口、自然等多个角度，对乡村景观这一概念进行交流讲解。提出了三重维度的"新乡愁观"，探寻乡愁这一精神现象与乡愁文化背后的关联，立足乡愁情怀，以"养眼、养肺、养胃、养脑、养心"五大具体要求为目标，建设具有乡愁记忆的花园景观。

1 认识乡村振兴

（1）现实背景：消失的乡村。

（2）核心问题：人的回归，有了人，乡村就有了生机。中国10年间消失了98万个村落，一天就有250个自然村落消失。有些乡村不是消失，而是城镇化了；有些则是没有了人，失去生机而自然消亡。

（3）中国城市化比例趋势：1990年26.4%—2000年36.2%—2010年47%—2020年61%—2030年71%。

（4）城市挤压出现的一般问题：传统农耕产业的凋落、村落生态环境的恶化、村落建筑肌理的改变、村落公共空间的侵占、村落景观风貌的破坏、村落文化遗产的消失。

2 城镇化问题的具体表现

（1）空心化——农村中有文化的青壮年劳动力流向城市工作，造成农村人口在年龄结构上的分布极不合理；同时由于城乡二元体制和户籍制度的限制，以及村庄建设规划的不合理，导致村庄外延的异常膨胀和村庄内部的急剧荒芜，形成了村庄空间形态上空心分布状况。

两种空心化情况：A. 人的空心化，人去村空，空巢、弃巢；B. 业态空心化、产业凋敝

（2）城市化——"掀翻石板路，修起水泥路，拆了木头砖石老房子，盖起钢筋水泥洋房子"是当今农村建设的一大现象。政府的直接强力干预下，掀起了大拆大建热潮，造成大量富有优秀民族特色和历史文化价值的传统村落毁亡。

（3）商业化——商业模式运作下的过度旅游开发，对传统村落的破坏巨大，由于商业机制的进入，许多古建筑按照开发商的商业意愿，被随意改造和拆毁，其破坏性是难以估量的。

3 乡村振兴战略

乡村振兴战略是习近平同志2017年10月18日在党的十九大报告中提出的战略。农业农村问题是关系国计民生的根本问题，必须始终把解决好"三农"问题作为全党工作重中之重，要坚持农业农村优先发展，按照产业兴旺、生态宜居、乡风文明、治理有效、生活富裕的总要求，实施乡村振兴战略，并将其提升到战略高度写入党章。

3.1 中国特色社会主义乡村振兴七条"之路"

（1）必须重塑城乡关系，走城乡融合发展之路；

（2）必须巩固和完善农村基本经营制度，走共同富裕之路；

（3）必须深化农业供给侧结构性改革，走质量兴农之路；

（4）必须坚持人与自然和谐共生，走乡村绿色发展之路；

（5）必须传承发展提升农耕文明，走乡村文化兴盛之路；

（6）必须创新乡村治理体系，走乡村善治之路；

（7）必须打好精准脱贫攻坚战，走中国特色减贫之路。

3.2 《乡村振兴战略规划（2018—2022年）》

规划坚持城乡融合、一体设计、多规合一的理念，按照规划的前瞻性、约束性、指导性和操作性的要求，对至2020年实现全面小康和2022年召开党的二十大时的目标任务进行了明确，对乡村振兴的产业发展、人口布局、公共服务、土地利用和生态保护等进行了科学规划，部署若干重大工程、重大计划和重大行动。

2018年6月下旬，全国实施乡村振兴战略推进工作会议"6+2"工作任务：

（1）扎实推进乡村建设；（2）着力改善农村的基础设施和公共设施；（3）乡村产业；（4）乡村人才振兴；（5）乡风文明建设；（6）乡村治理体系；（7）保障国家粮食安全；（8）脱贫攻坚。

4 认识乡村景观

乡村景观是乡村地区范围内，经济、人文、社会、自然等多种现象的综合表现。研究乡村景观最早从研究文化景观开始。美国地理学家索尔认为文化景观是"附加在自然景观上的人类活动形态"。文化景观随原始农业而出现，人类社会农业最早发展的地区即成为文化源地，也称农业文化景观。以后，西欧地理学家把乡村文化景观扩展到乡村景观，包括文化、经济、社会、人口、自然等诸因素在乡村地区的反映。

4.1 乡村景观构成的四大体系

（1）自然生态系统：环境服务、本土记忆；

（2）乡村经济系统：物质生产、生产支持；

（3）乡村生活体系：成长体验（村落格局、巷道、建筑肌理、住宅庭院、公共空间构成村民生活系统的核心）；

（4）乡村文化系统：精神寄托（独特的治理体系、乡规民约、宗祠、文化传统、地方民俗、节庆活动、物产等与山清水秀的田园风光组合在一起，构成乡村的文化系统）。

4.2 乡愁文化

触发乡愁的三个层面：（1）微观层面：乡土事物；（2）中观层面：乡土气息；（3）宏观层面：乡村场景。

4.3　新乡愁三重维度

4.3.1　新"乡愁观"的文化之维

乡愁原是一个文化哲学范畴、表征着一种历史情愫、更寄寓一种文化表达。故乡地理、童年历史、公共生活和情感记忆构成了乡愁的内涵。

4.3.2　新"乡愁观"的空间之维

乡村是个体生命的原点，也是华夏文化的原点，乡村是农耕文明的精粹，也是人类文明的根脉，乡村尤其是传统村落是中国文化遗产的最后一道屏障。安顿乡愁，必须留住乡村的文化聚落：

（1）是为已建成的"新村"赋予乡土文化内涵。

（2）是对"空心村"进行规划改造，融入乡土特色，形成具有特色文化的村落。

（3）是保护古老村落，使其建成"乡村博物馆"。

4.3.3　新"乡愁观"的价值之维

乡愁不是过去时，而是如何在时代浪潮激荡中重建一个有活力、有希望的故乡。从该意义上看，乡愁不仅是乡音乡味、青砖黛瓦和阡陌桑田，更是国家兴盛、民族团结和民主富强。

乡愁不是消极的情感体验，而是人们在他乡得以安身地回头一望，是对离乡事实的价值升华。

5　乡村景观营造的基本目标

一是"养眼"，解决"看"的问题，使乡村呈现出绿水青山、满目苍翠的景象，呈现出清水绿岸、鱼翔浅底的景象，呈现出鸟语花香、田园风光的景象，让人大饱眼福。

二是"养肺"，解决"呼吸"的问题，不仅要消除重污染天气，还要"清新乡村"，使天朗气清、惠风和畅常伴，使蓝天白云、繁星闪烁常见，让人民群众呼吸到清新的空气，闻到泥土的芬芳。

三是"养胃"，建设解决"吃"的问题，使水污染和土壤污染得到有效治理，使更多的农产品和食品达到绿色有机标准，让人民群众吃得安全、吃得放心。

四是"养脑，"解决"思"的问题，使人民群众在畅游山水意境的同时，激发出创作灵感，催生出悠远的诗意，洗涤掉尘世的俗虑。

五是"养心"，解决"焦虑"的问题，使人民群众在普遍富足的同时，能在青山绿水的闲适中涤荡心灵，在田园风韵中体味人生，在山水与诗情中实现身心双愉悦，物我两相忘。

6 结语

　　"风景触乡愁"，在新型城镇化语境中，新"乡愁观"是一种全新的生态哲学观，是合规律性与合目的性的有机统一体。它倡导人崇尚简约，返璞归真，遏制贪欲，实现天地人的和谐相处。这不是历史倒退，而是文化寻根，找寻天地之广、智慧之美。

　　建设乡村花园既要保护传承乡村文化，又要合理开发乡村环境，要灵活运用乡村本地材料和植物，采取合理的结构和布局方式，使乡村花园建设符合人们的心理需求，故此，要营造具有乡愁记忆的花园景观，应该遵循以下三个设计原则：延续场所文脉；保存农业体验；借景田园风光。

湖泊水网地区乡村建设中的鸟类栖息地保护规划

潘延宾

湖北美术学院环境艺术设计系 副教授

"湖泊水网地区传统村落的创新营建人才培养"系列讲座第六讲

湖北美术学院环境艺术设计系A8教学楼

2019年5月14日 上午

讲座主题

介绍了湖泊水网地区鸟类多样性的现状及其保护的重要性。对常见的鸟类做出了简要介绍，并结合实例对鸟类栖息地保护规划设计的方法和途径提出了建议。

1 乡村鸟类的多样性状况

乡村鸟类的丰富度较小，而多样性较大。原因如下：乡村人口相对稀疏，对鸟类的干扰相对较小。乡村有较多的猛禽，如鸮形目和鹰科、隼科鸟类较多，小型鸟类天敌较多。

城市生活垃圾较多，为小型鸟类提供了较多的食物。

城市由于建筑密度较大，为岩居性鸟类，如麻雀、家鸽、家燕等提供了巢穴。

2 湖泊水网地区乡村鸟类保护的意义

2.1 维护湖泊水网地区整体生态系统的稳定

鸟类是城市生态系统中生物的重要组成成分之一，在生物链上占据重要的一环。在生态系统的长期演化过程中，每一个种群都有其独特的生态位，发挥着自己在生态系统中不可代替的作用。任何一种鸟类的消失都会引起生态系统的功能发生波动，严重的后果是生态系统功能紊乱，导致城市环境的可持续发展受到威胁。鸟类是城市环境的指示物种。

由于鸟类对生态环境反应敏感，而且容易观测，人们可以通过鸟类研究城市环境的变化。20世纪70年代，美国开始在环境监测中使用鸟类作为指示物种，到80年代在该领域的研究已经非常完善，在水污染、核辐射污染、重金属污染、大气污染、农业污染等方面得到广泛应用。

2.2 对世界鸟类多样性保护具有重要意义

中国中部湖泊水网地区作为候鸟迁徙的重要通道，保留和规划提供候鸟的过境通道和栖息地，取食地，对维护世界鸟类多样性具有至关重要作用。

最新研究认为，目前全球共有9条候鸟迁徙路线，分别是大西洋—美洲迁徙线、黑海—地中海迁徙线、东大西洋迁徙线、中美迁徙线、环太平洋迁徙线、中亚迁徙线、东亚—澳大利亚迁徙线、太平洋—美洲迁徙线、西亚—东非迁徙线。迁徙路线涉及世界上几乎所有的雨林、湿地和沼泽，美国大沼泽地国家公园、澳大利亚卡卡杜国家公园、哥斯达黎加岛、非洲大裂谷都是鸟们为自己选择的路线，对于栖息地的生态有着苛刻的要求。

在全球鸟类迁徙线上，中国有着不可忽视的作用。根据中国第二次湿地资源调查显示，中国有鸟类1332种，约占世界鸟类总数的13.7%，其中候鸟600多种，占世界候鸟的20%。

在全球候鸟迁徙通道中，东亚—澳大利亚、中亚、西亚—东非这三条候鸟迁徙路线都与中国有着密切关系。

其中东亚—澳大利亚路线经过中国中部省份，中部湖泊水网地区为候鸟的迁徙提供了重要的垫脚石。以武汉为例，每年约有10万多只，37种候鸟经过武汉。

3 湖泊水网地区常见乡村鸟类的识别

3.1 鸟类以栖息方式分林鸟和水鸟

其中水鸟又可以分为涉禽和游禽。

3.2 常见林鸟

乌鸫（Turdus merula）：栖息于次生林、阔叶林、针阔叶混交林和针叶林等各种不同类型的森林中。杂食性鸟类，食物包括昆虫、蚯蚓、种子和浆果，分布于欧洲、非洲、亚洲。

珠颈斑鸠（Spilopelia chinensis）：留鸟，栖息场地较为固定，喜在村落及农田附近活动。主要以植物种子为食，特别是农作物种子，如玉米、小麦、豌豆、黄豆、菜豆、油菜、芝麻、高粱、绿豆等，有时也吃蝇蛆、蜗牛、昆虫等动物性食物。

喜鹊（Pica pica）：留鸟，常出没于人类活动地区，喜欢将巢筑在民宅旁的大树上。全年大多成对生活，杂食性，在旷野和田间觅食，繁殖期捕食昆虫、蛙类等小型动物，也盗食其他鸟类的卵和雏鸟，兼食瓜果、谷物、植物种子等。

白头鹎（Pycnonotus sinensis）：又名白头翁，是雀形目鹎科小型鸟类，为鸣禽，冬季北方鸟南迁为候鸟，杂食性，既食动物性食物，也吃植物性食物。动物性食物主要有金龟甲、步行虫、金花甲、鼻甲、夜蛾、瓢虫、蝗虫、蛇、蜂、蝇、蚊、蚂蚁、长角萤、蝉等鞘翅目、鳞翅目、直翅目、半翅目等昆虫和幼虫，也吃蜘蛛、壁虱等无脊椎动物。植物生食物主要有野山楂、野蔷薇、寒莓、卫茅、桑椹、石楠、女贞、樱桃、苦棣、葡萄、乌桕、甘蓝、蓝靛、酸枣、樟、梓等植物果实与种子。

灰喜鹊（Cyanopica cyana）：外形酷似喜鹊，但稍小，栖息于开阔的松林及阔叶林、公园和城镇居民区。杂食性，但以动物性食物为主，主要吃半翅目的蝽象，鞘翅目的昆虫及幼虫，兼食一些植物果实及种子。

黑脸噪鹛（Garrulax perspicillatus）：栖息于平原和低山丘陵地带地灌丛与竹丛中，也出入于庭院、人工松柏林、农田地边和村寨附近的疏林和灌丛内。常成对或成小群活动，特别是秋冬季节集群较大，可达10多只至20余只，有时和白颊噪鹛混群。属杂食性，但主要以昆虫为主，也吃其他无脊椎动物、植物果实、种子和部分农作物。分布于越南北部和中国多地。

雉鸡（Phasianus colchicus）：栖息于低山丘陵、农田、地边、沼泽草地，以及林缘灌丛和公路两边的灌丛与草地中，杂食性。所吃食物随地区和季节而不同。

领角鸮（Otus bakkamoena）：主要栖息于山地阔叶林和混交林中，也出现于山麓林缘和村寨附近树林内。留鸟。食性：主要以鼠类、壁虎、蝙蝠、甲虫、蝗虫、鞘翅目昆虫为食。通常营巢于天然树洞内，或利用啄木鸟废弃的旧树洞，偶尔也见利用喜鹊的旧巢。

八哥（Acridotheres cristatellus）：主要栖息于海拔2000米以下的低山丘陵和山脚平原地带的次生阔叶林、竹林和林缘疏林中。以蝗虫、蚱蜢、金龟子、蛇、毛虫、地老虎、蝇、虱等昆虫和昆虫幼虫为食，也吃谷粒、植物果实和种子等植物性食物。

棕背伯劳（Lanius schach）：主要以昆虫等动物性食物为食。在树上筑碗状巢。留鸟。常见在林旁、农田、果园、河谷、路旁和林缘地带的乔木树上与灌丛中活动。性凶猛，不仅善于捕食昆虫，也能捕杀小鸟、蛙和啮齿类。领域性甚强。

戴胜（Upupa epops）：栖息于山地、平原、森林、林缘、路边、河谷、农田、草地、村屯和果园等开阔地方，尤其以林缘耕地生境较为常见。以虫类为食，在树上的洞内做窝。选择天然树洞和啄木鸟凿空的蛀树孔里营巢产卵，有时也建窝在岩石缝隙、堤岸洼坑、断墙残垣的窟窿中。

丝光椋鸟（Sturnus sericeus）：多栖息于开阔平原、农作区和丛林间以及营巢于墙洞或树洞中。

3.3 常见水鸟

黑水鸡（Gallinula chloropus）：栖息于灌木丛、蒲草、苇丛、善潜水，多成对活动，以水草、小鱼虾、水生昆虫等为食。

白鹭（Egretta spp.）：是白鹭属鸟类的统称。白鹭属共有13种鸟类，其中有大白鹭、中白鹭、白鹭（小白鹭）、黄嘴白鹭和雪鹭体羽皆是全白，世通称白鹭。大白鹭体型大，既无羽冠，也无胸饰羽，中白鹭体型中等，无羽冠但有胸饰羽；白鹭和雪鹭体型小，羽冠及胸的羽全有。前三者在武汉周边湿地都较为常见。

夜鹭（Nycticorax nycticorax）：栖息和活动于平原和低山丘陵地区的溪流、水塘、江河、沼泽和水田地上。夜出性。喜结群。主要以鱼、蛙、虾、水生昆虫等动物性食物为食。

红嘴鸥（Larus ridibundus）：在中国主要为冬候鸟，部分为夏候鸟。春季迁到东北繁殖地的时间为3～4月。秋季于9～10月离开繁殖地往南迁徙。红嘴鸥数量大，喜集群，在世界的许多沿海港口、湖泊都可看到。一般生活在江河、湖泊、水库、海湾。主食是鱼、虾、昆虫、水生植物和人类丢弃的食物残渣。

小鹏鹏（Podiceps ruficollis）：主要分布于古北界和东洋界。平时栖息于水草丛生的湖泊。食物以小鱼、虾、昆虫等为主。性怯懦，常匿居草丛间，或成群在水上游荡，极少上岸，一遇惊扰，立即潜入水中。

4 鸟类栖息地保护规划设计方法

规划保护栖息地对城市和乡村区域开放空间进行梳理和整合。对确实无条件整合连接成整体的开放空间，考虑布置垫脚石。

在国土层面的规划，基于国土安全格局的规划和区域生态格局规划，是当前自然资源部的重要工作内容。目前，我国对耕地分布的整理已经较为详细和完善，下一步需对未开发土地和荒地进行规划和整理。并在此基础上，完善生物多样性保护规划和居民徒步游憩规划。

在国土规划的基础上，对未开发土地进行整理，并对有重要生态意义的土地进行连接。美国的绿道规划和国家公园体系都是基于此目的进行的。

如美国新英格兰地区的绿道规划，是将缅因州、佛蒙特州、新罕布什尔州和马萨诸塞州的河滨、谷地、山脊等自然地带连接起来，其连接道主要使用废弃的铁路、河流和人工风景林带。从而使不断破碎化的野生动植物栖息地得以成为一个整体，并满足人们的徒步和骑行游憩需求。在不断的发展和多次规划修改后，该区域规划实现在周边数周的网络化和多层次化，并与加拿大东南部的几个州实现了联通。

美国蓝岭国家公园道也是区域绿道规划的典范之一，以其优美的自然风光著称于世。也是美国最长的公园道，长755公里，穿过弗吉尼亚和北卡的29个县，占地377.9平方公里，自1936年开始建设。连接两大国家公园Shenandoah National Park 和 Great Smoky Mountains National Park。

翡翠项链规划。该规划实际上是美国各种形式的绿道和风景道规划的鼻祖，起源于19世纪中后期，在"美国风景园林之父"奥姆斯特德完成了波士顿周边的几个公园设计后，他开始思考是否能将这些公园与周边未开发的土地连接起来，并尝试利用河道和风景道去整合这些土地。"翡翠项链"从波士顿公地到布鲁克林公园绵延16公里，有相互链接的九个部分组成：Boston Common, Public Garden, Commonwealth Avenue, Esplanade（Charlesbank Park）, Back Bay Fens, Riverway&Olmsted Park, Jamaica Park, Arnold Arboretum, Prospect Park。以波士顿为中心结合了12个城市和24个城镇，形成一个区域绿色空间，这个系统将河滩地、沼泽、河流和具有天然美的土地都包括进去，形成了一个天然的绿色网络。

事实证明，这种区域土地的整合规划，对鸟类及其他野生动植物的保护起到了非常明显的作用。如上面的翡翠项链规划。由于栖息地面积足够大而且相互连接，物种丰富，成为观鸟胜地，该地区还成立了专门的观鸟协会。根据该协会的观测，发现有20多种珍稀鸟类生活在该区域。

根据观测数据和鸟类环志跟踪技术确定重要保护物种的迁徙通道和栖息地，建立自然保护地和保护区。并在候鸟迁徙季节加强巡视和管理。

目前，我国鸟类保护的保护区和保护地主要依靠传统的人力观测资料划定，环志跟踪作为辅助手段。我国主要从事环志工作的机构为中国林科院鸟类环志中心。但是随着环志技术的不断进步和成熟，现在可以实现对鸟类活动的精确跟踪监测，对候鸟的迁徙路线、停留地点、停留时间、生活状态都能做到精确记录。尤其是保护物种和指标性物种。

在条件允许的自然林地、保育林地、防护林地，尽量保护植物群落的生物多样性，并尽可能地防止干扰。

噪音或者人的频繁活动都会使鸟类的繁殖和觅食受到干扰，从而导致鸟类适宜的栖息地减少。典型的例子如武汉南湖北岸曾经是普通鸬鹚（Phalacrocorax carbo）冬季越冬的天堂。这些候鸟栖息在滨水的池杉林和临湖的狮子山林地中，并捕食南湖中的鱼类。数量最多的时候，其粪便一度能使湖边的林地变成白色。

然而，在武汉市坚持在南湖北岸修建一条车流较多的快速车行道后，由于受到严重的噪声污染，此地从此再没有出现过鸬鹚等大型鸟。

在城市和乡村建设中，划定一定的保护地防止干扰，国内外其实早有实践。如欧美国家在农田中的斑块状林地，就是为了保护当时的野生动植物。人们在田间经常可以看到其中栖息的鹿群和鸟群在田间觅食。上海浦东在建设浦东中央公园（后改名世纪公园）时，特意在其中的水面中划定出独立的小岛作为鸟岛。

在规划设计中，应考虑栖息地中鸟类的取食问题，比如增加鸟类可以取食的浆果类树木。严格控制杀虫剂、除草剂滥用，为昆虫提供繁衍空间，为鸟类提供食物。

乡村中的农田和林地是鸟类的天然取食地。有部分鸟会以农作物或者果树的果实为食，但往往也同时取食农作物的寄生虫。因此，在规划设计中刻意加入鸟类喜欢取食果实的植物种类和当地常见鸟类共生的树木是非常有必要的。前者如樟树、苦楝、构树、樱桃类、火棘、柿子、枣树等，后者多为本地的乡土树种，但因能滋生鸟类喜食的昆虫而受到鸟类的青睐，如马尾松、栎类、杨树、柳树、榆树等。

杭州西湖景区的长桥溪水生态公园中就设计有一个独立的小岛，上面种植有雀形目大多数鸟类喜食的樱桃类植物。每年樱桃成熟的季节，有很多黑短脚鹎前来觅食，受到广大观鸟爱好者和摄影爱好者的远远围观。

5　案例解析

5.1　天津候鸟机场

从南极地区沿着东亚—澳大利亚候鸟迁徙航道（EAAF）返回地球北端寻找食物和栖息地。作为全球八大贯穿南北半球的迁徙航道之一，EAAF上有包括黑尾塍鹬在内的全球五分之一的濒危水鸟在此飞行。在沿海地区城市蓬勃建设发展的大环境下，鸟类栖息地与觅食范围逐渐消失，鸟类数量也在急剧下降。东亚—澳大利亚候鸟迁徙走廊现今正面临着前所未有的巨大挑战。为了增加中国黄海海滨核心鸟类栖息地的数量，亚洲发展银行携手天津港，在临港地区的一块降解回填地上为拟建的湿地鸟类保护区举行了一场国际设计大赛。McGregor Coxall提出的世界上首个"候鸟机场"的设计在此次大赛中一举夺魁。

鉴于这块湿地对于中国、澳大利亚，乃至全球生态系统的重要意义，项目总体规划提出建设一块占地60公顷的湿地公园和鸟类保护区。由于部分鸟类不间断飞行超过11000公里，并长达10天不进食饮水，候鸟机场将是东亚—澳大利亚候鸟迁徙航道上鸟类进行补给和繁衍的至关重要的一站。作为天津城市新建绿地公园的一部分，该项目将落实包括人工湿地、绿地公园及城市森林等绿色基础设施。

可再生能源被用于将净化过的废水和收集到的雨水引流向整个湿地。公共设施则包括湿地小径、环湖步道、自行车道和森林漫步道等，在此形成了一张贯通7公里的自然游憩观景路线网。湿地中将建设一个名为水心阁（Water Pavilion）的高科技游客教育和科研中心，以满足每年预计50万人前来参观的需求。该中心将使用摄像机连接14处鸟类栖息木居，用来观察鸟类的生活情况。湿地被20公顷的林木环抱，以保护鸟类免遭周边城市开发的影响。

5.2 伦敦湿地中心

伦敦湿地占地42公顷，距离伦敦市中心9公里。原为伦敦泰晤士供水公司的4个大型蓄水池。在野生水鸟和湿地基金会（WWT）主导下，将该地块设计成一个以水鸟保护为主的湿地公园，2000年夏天对外开放。为了解决资金不足的问题，将其北部9公顷作为房地产开发用地，将获利的资金用于公园建设，也为城市公益项目的建设提供了很好的建设思路。每年，参观湿地中心的游客超过17万人，其中近2万名学生。

伦敦湿地中心根据不同鸟类的栖息地需求，分成6个不同生境的区域，包括蓄水泻湖、主湖、季节性泻湖、芦苇沼泽地、季节性浸水牧草区和泥地区。有超过170种鸟类和300种飞蛾蝴蝶类在此栖息。

乡村振兴战略背景下的实用性村庄规划编制实施建议

冯新刚

中国建筑设计研究院城镇规划院 副院长

"湖泊水网地区传统村落的创新营建人才培养"系列讲座第二十八讲

湖北美术学院环境艺术设计系A8教学楼

2019年5月24日 下午

根据授课录音整理 整理人：崔仕锦 王志慧

讲座主题

　　讲座立足国家现行乡村振兴战略政策基础，围绕我国村庄规划的具体问题和实践进程，重点归纳落实乡村振兴战略的"五个振兴"方针，剖析"四类村庄"基本理念，总结城乡发展的"四个融合"观念和乡村振兴的"五个矛盾"观点。

　　立足国家相关法律法规和地方政策，通过横向梳理和对比，探讨近年来我国乡村振兴的阶段性规划进程和模式，归纳我国乡村振兴的"九个任务"及"九个统筹"，并对当下中国乡村规划模式和进程进行总结和展望。

1 落实我国乡村振兴战略的"五个振兴"策略和"四类村庄"理念

1.1 "五个振兴"策略

从大力发展数字农业，培育农产品品牌，打造一村一品，发展乡村共享经济、创意农业、特色文化产业的"产业振兴"着手；统筹山水林田湖草系统治理，加强农村突出环境问题整治，打造绿色生态环保的乡村生态旅游产业链的"生态振兴"；传承发展提升农村优秀传统文化的"文化振兴"，充分活跃繁荣农村文化市场丰富农村文化业态；积极培育新型职业农民，加强农村专业人才队伍建设，发挥科技人才支撑作用，鼓励社会各界投身乡村建设的全方位"人才振兴"；此外，在政策法规实施方面，坚持自治、法治、德治相结合，深化村民自治实践，全方位贯彻"组织振兴"，建设法治乡村，提升乡村德治水平，建设平安乡村。

1.2 "四类村庄"理念

推进改造提升、激活产业、优化环境、提振人气、增添活力，建设成宜居宜业的"产业集聚型"；加快产业的融合发展，推动基础设施的互联互通和公共服务的共建共享的"城郊融合型"；本身即是历史文化古村传统村落，适合在保护的前提下来考虑利用和发展的"资源特色型"；生存条件恶劣、异地扶贫搬迁、人口流失严重类村庄，应严格限制新建和扩建活动的"撤并消亡型"。

2 推动城乡的"四个融合"要义和"五个矛盾"理论

以小见大，从微观到宏观地去把握，缩小城乡差异，补齐公共服务设施短板，完善公共厕所与各级道路，促进二、三产业发展，以经济带动人文，鼓励城市人口返回乡村创业，减少城乡人口思维差异，促进资本、技术、观念的多重融合，即"空间融合""产业融合""居民融合"和"要素融合"，以融合化解"整体局部""长版短板""本色特色""主动被动"和"物去人来"的五大矛盾弊端。

3 梳理我国近年来实用性村庄规划的探索进程

多年来各部门和各级政府对乡村振兴的探索实践亦逐渐形成较为成熟的乡村规划体系，形成"探索实践""实用规划""协作共赢（共同缔造）""协作共赢（陪伴服务）""实用管控"的五个主要探索阶段：2012年左右开始村庄规划的探索实践，从注重村庄建设到全面覆盖的转变，从注重规范要求到实际需求的转变，从注重功能提升到特色发展的转变，从注重规划告知到主体参与的转变；2013～2017年，逐渐对实用性村庄展开规划探索；而后的2018～2019年，逐渐开启了探索实践的共同缔造模式和陪伴式服务模式，探索了从技术上落实国家战略的机制；自2019年至今的乡村规划实用管控模式，落实村庄建设发展目标，编制"多规合一"村庄规划。

3.1 "探索实践"阶段

在2012年左右村庄规划的"探索实践"阶段，实践策略注重全面覆盖、实际需求、特色发展和主体参与等方面，注重"全程覆盖"——保护生态环境、保护耕地、整合利用资源；注重"实际需求"——居住安全、公共服务、基础设施、投资空间、环境美化；注重"特色发展"——山水格局、乡土文化、建筑风格、产业发展；注重"主体参与"——村民代表要加入规划编制组，方案定案前征求全体村民意见。整合土地资源，让政府引入的涉农项目能够有空间落地的全程覆盖转变，根据实际建设需要，让更多村民共享政府支持的各类设施，让乡村回归乡村的特色发展转变，注重主体参与的转变。

3.2 "实用规划"阶段

在2013～2017年"实用规划"阶段，推行了一系列相关政策文件，如《住房和城乡建设部关于做好2013年全国村庄规划试点工作的通知》《住房和城乡建设部关于做好2014年村庄规划、镇规划和县城村镇体系规划试点工作的通知》《住房和城乡建设部关于做好2016年县（市）城乡村建设规划和村庄规划试点工作的通知》等，以作为乡村建设政策法规支撑。

实用性村庄规划简明标准：好编、好懂、好用，其规划内容包含农房建设规划要求内容、村庄整治规划内容、特色村庄规划内容等，并推动规划师下乡服务和乡建普及的宣传教育知识。

3.3 "协作共赢"阶段

3.3.1 "共同缔造模式"

2018～2019年村庄规划的"协作共赢"2.0版中的"共同缔造模式"，其核心在党委，基础是自然村，村民是主体，参与是关键，制度做保障，针对村集体经济薄弱和村环境欠缺的问题，构建党委领导下的美丽乡村，并让村民成为主角，帮扶团队成为参谋，县政部门服务村民。

关于机制构建的相关策略，具体措施可成立"一会、一组、两委、三部"的社会管理组织架构，开展共同谋划决议事项；完善建章立制，搭建"一会、一组、两委、三部"的组织章程；在县镇支持下形成相对完善的长效管控机制；深入整合村庄建设工程管理办法、资金共管账户管理办法、资金使用管理办法和村规民约，全方位协调机制建构体系。以"五共"促成效，促进村民共谋方案的"决策共谋"；推动群策群力、投工投劳、创新实践、就地取材、党员带头奉献、振兴乡土文化、带领致富的"发展共建"；实现能人带队、严格监管的"建设共管"；达成经济人文景观多重收益的"效果共评"；最后实现凝聚民心、共创幸福生活的"成果共享"。

3.3.2 "陪伴服务模式"

2018～2019年村庄规划的"协作共赢"2.0版中的"陪伴服务模式",其本质是促进乡建各群体的沟通协作,如项目组内部协调,各专业技术单位之间协调,与各级政府、投资方、施工方沟通协调,与村里人沟通协调等,通过沟通协调,促使规划变得更实用。根据各种制约,制定空间管理图,让建筑专业和景观专业实现现场服务。

落实国家战略的技术传导机制中产业策划与活动策展、村庄建设规划、重点项目建筑设计和景观节点设计这四项工作,最主要是"用行动把大道理讲成家常话",做实用的规划,把握两个重点"协调和纠偏",促进三个转变"设计师角色转变、工作范畴的转变、技术方法的转变",做好四项工作"产业策划与活动策展、村庄建设规划、重点项目建筑设计、景观规划编制及节点设计",以生态振兴为关键,以文化振兴为灵魂,以组织振兴为主心骨,以人才振兴为基头,最终做到"四大主题、三产融合、三片互动"的乡村综合产业整体振兴。

3.4 "实用管控"阶段

国家机构改革后,2019年后的村庄规划进入实用管控模式,国家陆续出台了若干政策指引,《中共中央国务院关于实施乡村振兴战略的意见》提出乡村振兴要坚持农民的主体地位,构建乡村治理体系,做到五个振兴。《农村人居环境政治三年行动方案》提出到2020年,实现农村人居环境明显改善,村庄环境基本干净整洁有序,村民环境与健康意识普遍增强。乡村建设实际上属于脱贫攻坚战略,以确保到2020年我国现行标准下农村人口实现脱贫,贫困县全部脱帽,解决区域性整体贫困,做到脱真贫、真脱贫。

国土空间"五级三类"的规划定位本质,是从上至下传导的模式,主要是实现国土空间用途管制,研发建设规划许可的法定依据。编制"多规合一"的村庄规划,以一个或若干个行政村为单元编制,达到产业兴旺、生态宜居、乡村文明、治理有效、生活富裕的总要求,有序引导村庄规划建设,促进乡村振兴。

4 归纳我国乡村振兴的"九个任务"及"九个统筹"

坚持先规划后建设、坚持农民主体地位、坚持保护建设并重、坚持因地制宜、突出特色、坚持有序改造、务实规划、统筹谋划村庄发展。结合乡村振兴战略及农村人居环境整治三年行动,统筹谋划村庄发展目标、生态保护修复、耕地和永久基本农田保护、历史文化传承与保护、基础设施和基本公共服务设施布局、产业发展空间、农村住房布局、村庄安全和防灾减灾以及规划近期实施项目等九项核心任务。

做到九个统筹,即统筹村庄发展目标、统筹产业发展空间、统筹生态保护修复、统筹农村住房布局、统筹耕地和永久基本农田保护、统筹村庄安全和防灾减灾、统筹历史文化传承与保护、统筹规划近期实施项目和统筹基础设施和基本公共服务设施布局。在此基础上"弹性"管控,优化调整用地布局,避免规划"留白",统筹预留发展空间,强化村民主体和村党组织、村民委员会主导,切实贯彻协同理念,开门编制村庄规划——统筹协调,探索规划、建设、运营一体化。因地制宜,编制适用、管用、好用且符合地方实际的实用型村庄规划方法。

5 结语

中国长期以来村庄规划的问题普遍脱离实际,规划不符合农民生产生活需要且超出村庄当前发展水平和经济能力,村庄规划盲目套用城市规划标准,内容复杂,忽视村庄现状,缺乏可操作性,缺乏对农房建设的管理要求和指导。随着建设中各类问题的不断暴露,人们所关注的问题也逐渐转移。首先,更加注重乡村人口的物质生活保障,在农村精英大量流失后,更加注重留守在乡村的人的生活需求;其次,随着资源环境负荷日趋加重,政府相关部门更加注重乡村生态和耕地的保护;此外,在空间集约利用的前提下,规划策略方针有所转移,更加注重预留空间给城里人来投资消费;最后,在城市中传统文化逐步消失过程中,人文精神层面的乡村风貌和地方文化的传承显得尤为关键。

三个维度：关于传统村落的思考与实践

单彦名

中国建筑设计研究院城镇规划设计研究院历史所 所长

"湖泊水网地区传统村落的创新营建人才培养"系列讲座第二十六讲

湖北美术学院环境艺术设计系A8教学楼

2019年5月24日 下午

根据讲课录音整理 整理人：崔仕锦 张钧

讲座主题

以中国传统村落与历史建筑、村落保护的规划为导，通过实际案例来阐释"自然和谐之道、伦理秩序之道、虚实有无之道、中庸平实之道、循环再生之道"的设计理念，并基于此构建了传统村落价值评估研究框架与方法。

1 传统村落与历史建筑、规划建筑规划的着眼点

在规划上传统村落相对于历史建筑、规划建筑与当地的联系更加密切，在传统村落规划中，规划只在某一层面起到一定的作用，建筑起主体的推动作用。对比河北省张家口雨巷的规划设计，无论是建筑还是场所，有人所在的空间总是拥有多一些的活力，在做规划的过程中，更关注人的使用感受，从原来传统的物质空间角度转变到人在物质空间中的活动，提出多种方法并逐渐转变。

纵观乡村的空间变化，乡村规划设计应从二维到三维的角度去分析，寻找和了解乡村的人文历史，与乡村的肌理和格局密切联系，这是现在乡村设计最重要的关注点。

2 村落保护规划的进化方式及实例

村落保护规划的进化方式是一种"从无我到有我"的过程，即建筑师是有我，艺术家是无我，而规划设计需要体现的就是从无我的空间到有我的生活。

2.1 四川省石牌坊村保护规划案例

四川省石牌坊村保护规划项目入选了2013年第二批中国传统村落，四川省石牌坊村是全国重点文物保护单位，被誉为川南民间建筑的精粹，属于比较典型的高墙碉楼。

四川省石牌坊村保护规划在项目结束后做了很多反思与思考，对于这类的传统村落规划是不一样的，在于石牌坊村保护规划涉及文物保护问题，尤其是文物保护范围的划定、村落的格局和山川的划定，都与乡村原本的道路和肌理不吻合，极不利于体现农耕文明的人和自然的互动。

2.2 西藏错高村保护规划案例

西藏错高村入选了国家地理十大最美村落，西藏错高村的价值就在于老百姓的宗教生活与当地的建筑是息息相关的，设计规划划定了一个宗教保护区，对村内的景观保护提出了通过划定五个片区进行单独的保护要求，借此简化了西藏错高村的管理流程。

2.3 福建塘东村保护规划案例

凸显地域特色彰显匠心营造的福建塘东村，位于福建泉州晋江，是非典型的传统村落，位置与一般传统村落相比显得较为偏远，经济落后，村落本身具有一定的经营模式，类似于农家乐园，民宿已成一定的规模，村里的村民尤其喜欢自主经营与自主创业。

在规划上关注在村民自主调动性上，调研当地的文化标识与寻找村庄有代表性的建筑或构筑物，观察村

庄自然景观的多样性与共生性。

3 乡村营建从个体保护到整体联动发展的相关举措及实例

传统村落保护的方式多种多样，在保护的同时必须适应新生活的发展，否则会面临发展动力不足的情况。乡村营建从个体保护到整体联动发展的具体举措如下：

3.1 注重农业发展

以湖北省水没坪村为例，严格保护耕地资源，严格保护自然生态资源，严格实施生态化种植。

3.2 注重旅游产业发展

以北京市门头沟区马栏村为例，注重文化特色和主题营造，避免过度商业植入，以村口二维码、广播站、公告栏、讲解员队伍等作为具体推广方法。

3.3 区域探索

以安徽实践为例，通过对安徽区域的乡村建设考察提出了自然和谐之道、伦理秩序之道、虚实有无之道、中庸平实之道、循环再生之道的设计理念，并构建了传统村落价值评估研究框架与方法。

3.4 传统村落价值评估体系构建

通过对于安徽地区乡村发展方式实际的考察研究后，在基于北京市传统村落满意与保护策略研究及传统村落价值评估体系构建，得出具体的解决方法，传统村落价值的评估方法比较与确定、传统村落价值评估研究框架与方法的构建、基于经验的模糊评价"k-modes"的评估方法等。

4 从浅层物质空间到深层文化进行营造

在满足物质空间需求的同时，更应该注重文化的体现，将文化从精神层面落实到具体的物质空间，使得它看得见摸得着，使得空间有故事、有文化、有气氛，在产业中融入文化。

5 历史建筑的保护及利用方面的相关策略

以张家口历史建筑保护实践为例，对张家口历史进行研究，设计要涉及当地的历史文化、历史事件、历史变迁与相关区域内的建筑；其次确定各类文物保护单位、不可移动文物点保护授制的范围、建设控制地带、环境协调区域等相关区域及关联区域内的建筑；其三考量国家级历史文化名镇名村、历史文化街区、省级历史文化名镇名村、历史文化街区、传统村落等张家口市历史建筑较为集中区域内的建筑；以及重点关注具有建筑30年以上即20世纪90年代前建设的老区；最后促进监管体系健全管理法规条例，健全组织管理机构，建立历史建筑档案，设立预先保护制度。

6 村落保护拓展文化建设

从村落保护扩展到更大范畴，探索文化传承的多种模式：以听松书院为例——个人情怀与文化苏醒——夹杂着情怀和商业的博弈；以山里寒舍为例——企业介入的文化植入——侧重于文化外展形式的表达；政府主导的复合文化复兴——均衡体现文化内在。

融合以上三点称之为协调发展模式：以贵州黔东南大利村——多方参与协调模式：水系的提升，现代设施的协调和改善，新村选址建设；以龙岩市长汀县松毛岭红军长征出发地陈列及红军长征地纪念广场为例，以红色文化为主，生态发展为辅，推广文化为内核，发展现代农业为动力；以黑城村共同建设试点——在共谋、共建的基础上，进一步展开共管、共评、共享机制探索等。

结合延续乡愁的重要载体，是实现乡村振兴的重要抓手，是传承中华文化的重要组成部分，进一步培育村民主体意识，探索自治、法治、德治的乡村社会治理的乡村社会治理长效机制。

7 总结

传统村落是延续乡愁的重要载体，是实现乡村振兴的重要抓手，是传承中华文化的重要组成部分，传统村落的整体规划应在满足物质空间需求的同时，更加注重文化的表现，将文化从精神层面落实到空间载体，做"看得见、摸得着、体验得到"的传统文化建设，让他们有故事、有文化、有气氛，在产品中融入文化。从个人情怀驱动文化复苏、企业介入村落文化挖掘以及政府主导下的文化复兴等角度，将村落保护扩展到更大范畴，探索文化传承的多种模式。

浅析乡村区域规划体系的转变及思考

宁云飞

武汉市规划研究院 高级规划师

"湖泊水网地区传统村落的创新营建人才培养"系列讲座第八讲
湖北美术学院环境艺术设计系A8教学楼
2019年5月15日 上午
根据讲课录音整理 整理人：伍宛汀 刘昀

讲座主题

在当代城市快速发展的背景下，中国乡村面临着"空心化"的问题。维护乡村稳定对国家和人民具有重要意义，而开展乡村建设也会使社会及人民获益良多。但是，现今乡村建设规划中也存在急于求成、政策措施不全面、缺少制度支撑以及不接地气的问题。规划理念应当突破旧的思维方式，实现从宏观到细节的全面布局和系统规划。

1 "乡村发展"的回顾和总结

1.1 "乡村建设"发展的三个阶段

第一阶段，民国时期经济发展的支柱为城市轻工业，但也需要乡村农业来提供支持。而第二阶段，改革开放后，乡村进行全面改革，农村实行家庭联产承包责任制，城市以外向型经济为主导，从而加剧了城乡之间的冲突。第三阶段，以乡村振兴为主要目的，采用"城乡一体化，城乡融合，乡村振兴"的战略，以实现城乡的交流与对话，是乡村建设的主流途径。在阶段一至阶段二的过程中，自下而上的建设需求与自上而下的管控不足等问题被暴露出来；而在第三阶段的发展过程中，政府采用自下而上的资源配置，以及管控加强的方式来进行改进，在城乡结合的过程当中起到了一定的积极作用。"生产者→输入生产资料→税收→劳动力→新利润空间"这一连锁反应的生成，带动乡镇经济发展，使城市与乡镇经济紧密结合，逐渐形成城乡一体化。但城乡矛盾也随之产生，如1978~2018年，中国城镇化率提高了40%，但乡村人口减少了40%，乡村建设用地增加了17%，更加突出了乡村的"空心化"。

1.2 新形势下"乡村发展"的价值和意义

新形势下乡村发展的价值和意义在于：一、村庄对于国家的价值已经从经济补给转变为共融共生。从一定意义上说，乡镇的发展是一个城乡融合的过程，这种融合不单单是空间的、地理的融合，也不单单是经济的、社会的融合，更是城乡各种文化资源的融合。城乡的发展就是一个资源汇聚、资源融合、资源创新的过程。二、基于国家利益，政府对乡村的管控在不断加强。随着社会主义改造的完成，政府在农村逐步建立起了高度集中的计划经济体制。要使计划经济发挥作用，政府必须以一种前所未有的方式渗入和控制社会各个领域，形成国家和社会的超强自主性。三、对待乡村问题的处理态度，不仅是价值观的问题，更是长远利益的问题。四、乡村振兴为农民和大学生的就业都提供了新的机遇。

2 乡村规划编制思路的转变

从武汉总体规划层面的转变来看，"一五"时期的1954版武汉城市总体规划，政府主要围绕沿江地区进行规划，基本没有涉及农村。到了"二五"时期，1959版武汉城市总体规划为重工业经济发展而服务，政府跳跃式地规划了七个工业区，但基本也没有涉及乡村的规划，乡村发展薄弱。改革开放后，从1982和1987版武汉城市总体规划可以看出，政府开始着力于交通基础设施的建设，以及经济开发区的雏形。而在1996版武汉城市总体规划中，提出了建立七个卫星城的空间发展格局，有了城镇体系的规划概念，但是从"主城—卫星城—组团—重点镇—中心镇——般镇"的层级来进行规划的，对于乡村区域的具体规划依旧没有完成。到了2010版武汉城市总体规划中，政府提出"主城区""都市发展区""农业生产区"三大区域，以及"1+6"组群规划，对乡村区域做了相对详细的规划部署，规定乡村规划也必须遵循武汉市基本生态控制管理条例。如今，在2017年至2035年的新一轮城市总体规划当中，提出城市规划和土地规划"两规合一""1331"的城市规划体系，武汉有了城市的集中建设群，也有了乡村的非集中建设群。乡村的非集中建设群需要控制生态控制线，划定了基本农田的保护线，构建"功能小镇"。

3 乡村规划编制的思考

从七版总规可以明显看出，城市规划中对于乡村规划的重视程度在逐年递增。宏观层面来看，乡村规划的体系衔接存在问题。有序的规划是村庄发展建设的前提，然而现如今，无规划下的无序建设、违章建设问题，有规划下的系统性、操作性不强的问题依然存在。微观层面来看，乡村规划中的建设实施与落实的问题依然存在，包括急于求成、不够全面、不接地气以及缺乏乡村治理的相关制度的支撑等。乡村振兴应当符合"产业兴旺、生态宜居、乡风文明、治理有效、生活富裕"的总要求。面对乡村振兴，国家提出"双轮驱动"是主导模式，"城镇化+乡村振兴"并驾齐驱，同时这个"双轮驱动"也会带来新的机制。顺应趋势、城乡融合的乡村规划，应当体现先进、科学的价值取向，全面关注农村经济、文化、社会、生态等问题，体现"五位一体"。

4 乡村规划理念及制度探索

要使得乡村规划理念及制度全方面地落实，规划理念上必须有突破。在宏观层面上，要向上衔接，深化镇域规划，从全镇的角度去落实村庄布局。在中观层面上，开展村庄的全域规划，系统全面地去发展。微观层面上，强化人文发展理念，突出美丽乡村建设要求，从"定边界、定功能、定方案"三个方面来进行考虑。在乡村规划治理机制创新方面，应注意乡村治理主体模式的转换、乡村治理基本态度的转变、乡村治理基本理念的转化、乡村治理的总体框架和路径以及乡村治理的政策建议。

5 乡村规划研究与实践

5.1 非集建区田园综合体的全覆盖

2017年，"田园综合体"正式写入中央一号文件，意味着"田园综合体"上升为国家战略，指引着乡村发展新方向，体现了乡村发展新业态的转变，是实现乡村振兴战略的新载体。其次，武汉市空间规划分为集中建设区和非集中建设区，探讨非集中建设区的功能分区，在功能分区之上规划功能单元，盘点用地规模，安排城市托举。武汉市田园综合体规划的空间规划层级：以"城市—镇—田园开发单元—田园综合体规划"

的方式进行。武汉市田园综合体规划的主要内容是核心管控内容：功能管控、空间管控、建设管控；并以"功能管控"为主要的管控内容与方式。同时，将"田园综合体"纳入空间规划体系，进行统一化管理。

5.1.1 田园综合体的提出和意义

2017年，"田园综合体"正式写入中央一号文件，意味着"田园综合体"上升为国家战略，指引着乡村发展新方向，体现了乡村发展新业态的转变，是实现乡村振兴战略的新载体。"田园综合体"的提出是协调非集建区保护利用关系的新途径，是从单一保护到多元保护途径的转变。

5.1.2 研究路线及思路

武汉市空间规划分为集中建设区和非集中建设区，目前，武汉集中建设区已经有了较为完整的规划研究思路，而非集中建设区，也就是武汉的乡村地区，研究思路尚在探索阶段。

经研究，项目将适应"统一规划体系，形成规划合力"的空间规划创新要求，将田园综合体规划融入至武汉市空间规划体系作为第一个目标。项目的落地需要规划法律的支撑，通过田园综合体的尝试，能为各行各业提供规划法律支撑，为乡村规划尽一份绵薄之力。

适应田园综合体生态保护与建设发展的双面诉求，形成与"保护中促发展"要求相匹配的全程全要素用地布局也是项目的目标之一。在过去，面对乡村规划以讨论生态保护为主，强调"生态红线、基本农田红线、区域生态框架"。而现如今，乡村振兴在保护的前提下更应该让其发展，拉动乡村经济，使人民能够为乡村带来收入，因此，"村庄新型建设、旅游项目建设和服务设施建设"都需要通过保护与建设发展的双面诉求来实现农村新发展。全要素用地布局的实现，需要"定指标、定目标、定功能"三位一体，构建建设用地指标空间化，如此，非集建区域土地资源利用效率才能最大化，空间布局才能更加科学。

适应田园综合体规划管控与建设实施诉求，明晰田园综合体管控路径，强化田园综合体管理效能，是项目的第三个目标。通过刚性指标和刚性管控，及村庄建筑用地面积和其他建筑用地面积弹性调整相结合的方式，构建非集建区域田园综合体规划管控路径，提升管理效能。

5.1.3 武汉市空间规划体系解析

宏观上，从全国和省级的空间规划来看，规划的重点为地理战略要求、地方规划要求，体现战略的政策性、突出整个政策框架的区域协调。

中观上，从市级和区（县）级的空间规划来看，市级空间规划更多强调结构。市级空间规划结构分为集中建设区和非集中建设区，在集中建设区已经有一套完整管控路径的前提下，探讨非集中建设区的五大功能分区。

微观上，镇（乡）级空间规划，在功能分区之上规划功能单元，盘点用地规模，安排城市托举。通过从中观到微观的进程，努力实现非集中建设区与集中建设区管控路径相一致，实现法律规划管控。

5.1.4 武汉市田园综合体规划适应的空间规划层级

武汉市田园综合体规划的空间规划层级以"城市—镇—田园开发单元—田园综合体规划"的方式进行。

划定田园开发单元能提供更好的法律管理依据，便于分区建设，提供更好的实施抓手。如此，通过镇级空间规划和田园综合体规划，可以打造非集中建设区田园综合体全覆盖。

田园开发单元要求的划定，能够使区级功能传导、镇级总体要求落实有更好的抓手。田园综合体规划概念的落实，能够更好地实现空间规划体系和镇级空间规划，以田园开发项目为契机、田园开发单元为平台，做好全地全要素用地布局和土地用途管理机制，达到"非集中建设区控制性详细规划"。

5.1.5 武汉市田园综合体规划主要内容

武汉市田园综合体规划主要内容构建的思路为"基础研究—目标定位—三生体系构建—空间布局规划—建设行动计划"。构成武汉市田园综合体规划的主要内容是核心管控内容：功能管控、空间管控、建设管控，并以"功能管控"为主要的管控内容与方式。功能管控，是指功能区以及功能要求的定性及定量管控。空间管控，是指建设用地红线管控，包括村庄建设用地边界、生态红线、村庄公共服务设施边界以及基本农田保护线边界。建设管控，是指对于容积率、建筑密度、建筑高度、绿地率、建筑形式以及建筑体量的把控，为设计提供更好的依据。

5.2 实现乡村区域多层级的规划全覆盖实践

5.2.1 村庄规划技术线路

以蔡甸区村庄规划为例，运用了"现状解析—发展研判—村域规划—村庄布局"的规划思路。首先，通过现状解析得出，规划前，自然村湾北密南疏整体分布零散，生态基底优良，但生态保护与发展矛盾日益突出。乡村人口密度呈现西北高东南低的特征，现状人均村庄建设用地约199.4平方米，各乡镇差异较大。其次，经过发展研判的规划整体定位，为对接《武汉市城市总体规划（2017—2035）》和《蔡甸区分区规划（2018—2035）》整体定位，功能板块划分为四大板块；发展积聚型城镇产业、绿色发展旅游观光产业、特色化发展生态农业三类产业发展导向；且在分区导向下形成各街镇产业功能引导。

通过各街镇产业功能引导，村庄布局体系优化应运而生。首先，以优化村庄布局体系为目标，采用村庄集并的原则。其规划判断思路与原则为保障区域设施建设、综合特色产业集并、小型村落化零为整、尊重历史文化村落。村庄集并原则下还具有三方面规划原则，即生态红线控制原则、村庄基本判断原则、建设用地控制原则。在考察过程中，各街道存在不同集并的情况，需全面优化蔡甸区村庄体系，实现建设用地合理利用。

市政基础设施规划方面，总体要求为四要点原则——保证规划结合实际，做到有效果、可实现、少花钱、有示范意义。规划标准做到执行统一技术标准，提出交通行政设施建设服务、环境保护安全保障等20条村庄基础设施建设标准。完善城乡道路体系、农村公交服务、污水分区与处理模式以及公厕与垃圾处理等问题。

5.2.2 规划定位及发展目标

以武汉市七壕村村庄建设规划为例，其现状发展被村域发展概况及面临的问题所限制。因此，以村民发展诉求、规划定位及发展目标为本次规划定位及发展目标。七壕村村域布局规划分为六个方面进行展开：生态空间规划、产业布局规划、用地布局规划、公共服务设施规划、道路交通系统规划、市政基础设施规划，以"生态为前提，产业做引导"为基本方针来统筹规划与建设工作。对于七壕村庄建设规划，严格按照"先确定边界，再确定功能，最后确定方案"的步骤落实于规划布局、景观网络设计、重要道路规划、污水处理的规划上。

6　结语

开展乡村建设不仅有利于重建城乡关系，促进经济发展，还有助于促进就业，是共同富裕的必经之路。要使得乡村规划理念及制度全方面地落实，首先从历史的角度了解城市与乡村的关系发展变化，全面了解乡村与城市结合过程当中存在的问题，有针对性地解决问题；再次是规划理念突破，从"宏观""中观"，以及"微观"的层面上，深入透彻地了解乡村规划的问题，以达到"系统全面地发展乡村建设"的目的。同时，将"田园综合体"纳入至空间规划体系，进行统一化管理，是加速乡村建设发展的重要手段之一。

乡村演替——重庆传统聚落人地关系复合

黄耘

四川美术学院 教授

"湖泊水网地区传统村落创新营建人才培养"系列讲座第十讲

湖北美术学院环境艺术设计系A8教学楼

2019年5月16日 上午

根据授课录音整理 整理人：崔仕锦 王志慧

讲座主题

讲座着眼于重庆地区乡村建设现状，分别阐述人地关系构架中的地理空间格局、自然生态格局与土地利用方式、历史与文化因素；重庆聚落系统类型与空间层次；演进与替换的几大板块的内容，归纳总结中国传统聚落的人地关系复合演替模式。

其中，"演替"概念包括"演进"与"替换"两个方面，演进即人地关系的进化与四大要素的显现，替换即现代性要素的置入、引起的空间替代以及改变依赖土地的单一方式。主张传统聚落的"演替"设计，试图寻找全球化背景下保持地域文化多样性的途径，以及传统聚落人口生活方式的多样性进化方法。

1　农民新居统一建设中的地景模式探讨

当传统聚落失去了原来乡村以土地为背景的乡村建设的支持之后，统一建设的农民新居使原来以土地为背景的传统聚落中，出现均质地景的相关问题。

地理空间格局是划分聚落类型的主要要素，其中由地理空间格局、自然生态格局与土地利用方式、文化与社会组成传统聚落人地关系的三要素。根据地形地貌特点宏观层面划分三大区域，以重庆为例，大致可分为平行岭谷区、武陵山地区、峡江河谷区，区域内地形地貌及流域特征鲜明。

由各传统村落垂直分布与水平隔离形成的居住模式，村落聚集度与地理空间格局，导致平行岭谷区濑溪河流域以农业为主的聚落分布在这里；村落水平分布与地理空间格局，引导武陵山地区阿蓬江流域聚落分布在河沟山谷里；由村落垂直分布与地理空间格局，致使峡江河谷区龙河干井河流域聚落对交通的依赖。其中，自然生态格局与土地利用方式是界定聚落性质与聚落间关系的主要要素。

2　生计景观相关概念阐述及案例分析

"生计景观"：以水系为线索，在聚落的周围分布着农田斑块。而人类聚居，由于生计需要，将流域范围的林地开荒成农田，从而形成了农田景观。不同区域的生态斑点的密度差异造就了不同的生计景观，体现了不同的生计智慧。其中不乏影响重庆传统聚落的层级与结构，塑造重庆传统聚落的特色面貌的历史与文化因素。

以重庆为例：巴蜀文化体系、移民文化体系、土家族文化体系等，从流域层面来看，其聚落中心越大，则文化控制力越大，文化影响和调整了地理空间分布，经济、文化活动建构聚落组团之间的层级关系。文化控制力主要由制度、社会组织、家族血缘和政府这四要素组成，而文化控制力通过制度、社会组织、家族血缘，政府影响聚落空间格局与功能产生特色文化空间。

由此可见，再回到重庆聚落系统与空间层次这个主要命题中，居住模式决定了聚落与建筑的基本类型。深入重庆聚落，不难发现由四个层次组成：以流域为系统骨架的聚落群分布的聚落系统，在周边聚落中起到中心地位的中心场镇传统聚落；在社会结构中起到重要功能的建筑的村落与院落群；以及场地内的主要院落和重要民居。

3　重庆传统聚落分类及演进

重庆聚落类型主要可分为四类，分别是交通依赖型、农业依赖型、资源依赖型和文化结构型。

3.1 交通依赖型的传统聚落发展模式

交通依赖型以西沱镇和丰盛古镇为主要代表，西沱镇是元代川江水路在此设"梅沱"驿站，它作为连接川鄂交通水驿，是川盐由重庆出川的必经之地。水路其作为石柱境内唯一的邻长江的深水港口，因而成为周边山区依附的物质集散中心，由此形成了水路和陆路相结合的交通形式。丰盛古镇地处东西两条带状丘陵群所夹的槽谷地带，是重庆通往贵州陆路交通的中转站，交通特殊性随着历史更迭形成了"古镇—山水—田园"的整体风貌格局。

3.2 农业依赖型的传统聚落发展模式

以农业为主要生计方式的传统聚落当以花田乡何家岩古寨为主要代表。

3.3 资源依赖型的传统聚落发展模式

资源依赖型以云安镇为例，自公元前206年发现白兔井开始，就有凿井及卤制盐的历史，云安镇因盐而立，因盐而兴。三峡移民，云安古镇被淹约1平方公里，80%的居民搬迁进了云阳新县城。可惜的是，随着资源的消亡，赖以生存的聚落也随之消亡。

3.4 文化结构型的传统聚落发展模式

重庆云阳县黎明村彭氏宗祠是文化结构型的主要代表，由彭家老屋院子、彭家四合院子、彭家石板沿院子以众星捧月之势分布在彭氏宗祠的四周，分别居北、居南、居东，是彭氏家族居住场所。

4 人地关系的进化的"演替"形式探讨

"演替"可拆分理解为"演进"和"替换"。"演进"指人地关系的进化，四大要素的显现。"替换"指现代性要素的置入，引起的空间替代，改变依赖土地的单一方式。以四川美术学院新校区为例剖析乡村生活的"演替"发展，在四川美术学院新校区内之前的农民依旧耕作，并且作为学校园丁，学校支付基本生活费并且收购田地产出的农产品，形成牛照放、猪照养、鸡照喂、羊照圈的"新经济生态"。农耕收入与经济平衡——水稻、小麦玉米、高粱、牛羊鸡鸭和鱼塘既是校园的景观，又是"黄大叔"他们这帮"特殊园丁"的工资收入。还形成了"新学习生态"，田埂成为学生上学、放学的必经之路，他们穿行于田间池旁，穿行于稻草烟雾、穿行于农耕场景、穿行于乡土生活、穿行于过去与现在，池塘以及原生态景观成为学生写生的对象，产生新的场所精神。

5 传统聚落人地关系复合模式的建构

对于传统聚落人地关系复合，涉及"彰显和介入""现代功能介入""传统技艺的演替"以及"传统砖木结构创新"等各方面。

5.1 彰显和介入

在大风堡原始森林深处的重庆石柱土家族自治县中的益乡，坐落在"两山夹一槽"地带，是全市18个深度贫困乡镇之一。可持续脱贫的"彰显和介入"，是当前贫困村共同面临的难题。纵深河谷下形成特有的生计景观，不难看出狭长河谷中汇水的线性和面域成为影响聚落分布的重要因子，水系、农田以及冲沟附着于特定沟壑地形，形成特有的生计景观。

特殊的地貌形成了以农田溪流为主的地理空间格局，冲沟为河流下游沟槽及内湾带来优质土壤，梯田集中在此分布；优质的土壤形成丰富茂密的植被景观；早期土家聚落出于安全和地势考虑，多分布在山腰处；后期聚落后受土地制约和耕地影响，多分布在冲沟周边。以生计景观构成演替的重要介入点，设置沿溪观景步道，彰显生态与生计的智慧，提升乡村景观美景度；利用生态美景，以视线最佳景观步点，将传统农业智慧置入场地；利用生计现象，创造观景点；加强金溪两岸互动，突出山水景观特征。

5.2 现代功能介入

中益乡村口处看得见风景的乡村书屋则符合"现代功能介入"层面的乡村介入手法，将乡村院落进行现代性置入，顺势而生的庭院设计，利用场地原貌丰富整体空间变化。

5.3 传统技艺的演替

重庆濯水的风雨廊桥则使用了"传统技艺的演替"方法，对传统技艺的尊重，对木质结构的已有了解，通过技术的艺术化，结合木材的性能，通过对结构部件的美学处理，完成空间的塑造。提炼木桥的三个提梁，推广提篮技术的应用，使得这个建筑与对面的山体相呼应，利用拱形桥面的平台形成经营空间。

5.4 传统编木结构创新

重庆酉阳的花田书屋则符合"传统编木结构创新"，"三维扭转"这个技法，通过搭接角度的变换，实现多维度扭转，与提篮技术相结合作为桥底支撑的方式，跨度40米，全高12米，桥下可通车。

6 结语

　　建构不仅仅是建筑逻辑和功能的表达，也是一种情景的表达、一种感情的表达、一种生活的表达。这不禁让我们回顾乡村建设这个命题的本源，我们关注的到底是传统空间的技艺吗？事实上，追求的是当时技艺的极致，或是技艺对生活的表达，我们尊崇智慧，但也努力往前看，智慧的利用，精神的继承。

　　传统生活实质是在"匠"意之上的，重点是传统生活智慧的延续与发展。传统乡村的演进与替换，借助生物进化的理论，比喻村落空间在"进化"的进程中，产生改变的现象。这种"改变"并非仅仅是改良，而是适应环境变化的"突变"，是对某种不利要素的"替换"，到达抢占其在生物圈中的当下优势的目的。

　　乡村演替的设计主张，试图去寻求全球化背景下怎样保持地域文化的多样性的途径，其本质是生活方式的多样性进化理念。

生命的景观——江汉平原湿地生态农业景观模式研究

梁竞云

湖北美术学院环境艺术设计系 副教授

"湖泊水网地区传统村落创新营建人才培养"系列讲座（十八）
湖北美术学院环境艺术设计系A8教学楼
2019年5月20日 上午
根据讲课课件整理 整理人：李津宁 丁潇颖 许琳

讲座主题

　　江汉平原是我国南方最大最富饶的平原，是全国重点商品粮棉和淡水养殖基地之一，是我国未来经济发展长江流域产业经济带的生成与稳定支撑的直接承受点。江汉平原农业景观的合理开发利用，已不再是一种纯自身地域开发，而是一个关系到未来中国经济发展的全局性问题，对于解决"三农问题"，促进农村发展，有重要指导意义。本课题即在此前提下，重点研究江汉平原地区特别是"四湖"地区的景观系统，综合调查、分析江汉平原地区特有的农村聚落特点、社会生活、文化风貌，提出了江汉平原地域农业生态景观系统规划的预想模式。特别是针对江汉平原地区湿地资源的景观规划的研究，对维护湿地生态系统和新农村建设方面有积极的意义，对湿地资源的景观研究是一个对整个江汉平原有着普遍意义的课题。

1 引言

近代思想家康有为在其著作《大同书》中，描绘了一个空想的未来世界，那时的人类将不再受苦受难，人与自然之间，人与人之间，群体与群体之间的高度融合，自古以来的障碍不复存在。其文说："大同之世，饮食日精，渐取精华而弃糟粕，当有新制，令食品皆作精汁，如药水焉。取精汁之时，风血精皆不走漏，以备养生，以其流质销至易，故食日多而体日健。"

"大同之世，新制日出，则有能代肉品之精华而大益相同者，至是则可不食鸟兽之肉而至仁成矣。"……"盖天之生物，人物皆为同气，故众生皆为平等。"

东晋陶渊明在其《桃花源记》中也描绘了一个和平与安宁的乌托邦社会模式："缘溪竹，夹岸桃花，水尽从出，其之一洞穴仿佛若有光；入洞蛇形，先窄后宽，豁然开朗，其中阡陌纵横，一方世界……"

从其文可见，一个未来理想的景观模型，是人与自然和谐，人与人之间平等协调，生活自得其乐的世界；同时也带有中国文化中浓烈隐逸成分和追求美好社会的理想。

理想农业景观应该是自然—社会—经济复合的生态系统，因为人类社会是以人的行为为主导、自然环境为依托、资源流动为命脉、社会体制为经络的和谐系统，具体到农业景观上就是：地表、土壤、水体、植被的自然环境要素，水利建设、农业生产、农作物、旅游休闲等硬质景观要素与乡村生活、风土人情、宗教信仰、土地所有制、经营模式等软质景观要素的综合协调及良性循环发展。

这种综合的思考方式也将景观规划中狭义的视觉研究纯度拓展到生态、经济、人文等方面，正如美国生态规划理论与实践的重要学者费雷德里克·斯坦纳所指出的："景观并不只是像画一般的风景，它是人眼所见各部分的总和，是形成场所的时间与文化的叠加与融合——是自然与文化不断雕琢的作品。"

2 课题研究背景

2.1 "美丽乡村"建设

近年来，我国政府对于乡村环境和农业环境的重视程度与日俱增，党的十八大明确提出建设"美丽中国"的指导思想，"美丽乡村"作为"美丽中国"的基础，改善乡村及农业环境是大势所趋。特别是江汉平原独有的地理条件为"美丽乡村"建设提供了得天独厚的自然景观资源。

2.2 "湖广熟，天下足"

江汉平原是我国南方四大平原之一，全国重点商品粮棉和淡水养殖基地之一，总区域面积6.6万平方千米，水域面积91.7万公顷，耕地183.3万公顷，其他还有大量的旱涝、湿地等，总人口3142万，占湖北省人口的56%，是我国未来经济发展长江流域产业经济带的生成与稳定支撑的直接承受点。但在经济发展的同时，与之相伴亦产生了一些违背自然规律与社会经济规律的人类农业活动，以至在自然与社会生态方面都出现了不同程度的非良性发展趋势。

城镇人口迅速增加和农村人口持续减少，江汉平原农村的发展也出现了若干制约瓶颈，"新三农"问题即"农村空心化、农业边缘化、农民老龄化"最为突出，这正应成为实施乡村振兴战略的根本着力点。江汉平原农业景观的合理开发利用，已不再是一个纯自身地域开发，而是一个关系到未来中国国民经济发展的全局性问题，对于解决"三农问题"，促进农村发展，都有着积极意义。

2.3 《江汉平原湿地农业生态经济发展研究》

本课题研究的理论框架为中科院武汉物理与数学研究所研究员范文涛先生的著作——《江汉平原湿地农业生态经济发展研究》。在其系统的技术理论支持下，我们重点在湿地农业生态景观方面，提出了江汉平原未来农业景观系统的发展设想模式，并就每一个系统的景观模式做了相应深入的探讨，从生态、经济、人文、生产、水体、土壤、道路等方面，综合考虑其景观模式，并以理论结合图解方式完成。

2.4 深入调研

此课题前后历时多年时间，课题组成员多次到石首、洪湖、鄂州等典型江汉平原地区深入调研，收集资料。在当地政府的支持下，食宿当地农民家中，与农民一起出入田间地头，真切地体验到当今农村的社会生活及自然环境状况，由此整理出了一大批翔实的课题研究基础资料。

3 课题研究的总体原则

3.1 经济增长与景观因素的协同发展

经济增长、社会进步与环境改善同步协同的发展观已经是世界生态保护的共识，历史的教训使人类认识到单纯的经济增长是不能持久的，一旦资源枯竭、生态失衡、经济增长也必然会停止，甚至会出现全球性的负增长，环境与资源问题是经济增长中产生的，也必须在经济增长的过程中寻求解决办法。另外，经济增长本身也是为了不断提高人类的物质和文化生活水平，因此，经济增长与环境保护应有机地协调统一起来，环境保护与经济增长是完全可以统筹兼顾、协同发展的。

现如今，我们对土地资源和空间分配的需求与日俱增，乡村的演变将会引发各类社会问题。而在此时生态湿地景观作为重要突破口，在农业湿地景观建设中协调湿地的自然生态功能与经济功能之间关系可充分促进农业可持续发展。

3.2 农业生态景观的维护与再生

针对江汉平原水患、沟渠众多的特点，本课题系统研究了宏观治水策略和沟、渠、湖、河、湿地、湖垸等水体景观，林、农作物、牧、渔、桑、土壤等资源景观以及湿地农村布局与建筑形式；提出了间套、轮种、混养基塘系统等分层多级利用空间与时间，应用有机无机肥、养地用地相结合、长效速效相结合、生物防治、生境调控多方面综合防治病蝗，以及农户的庭院经济与农村大农业生态工程的协调发展等探索方法；另外，对废弃物的转化、再生、资源化的处理和利用、工商业结合、节能、清洁、能源、生态交通、生态建筑等也作了一定的探讨。这些研究方面对于未来江汉平原农业景观的良性发展是具有决定性的影响的，并为"美丽乡村"建设，提供一些合理科学、符合可持续发展的规划设计方法。

江汉平原"四湖"地区湿地资源的景观规划是本课题的关键一环。湿地被称为"地球之肾"，在维护地球水分资源和水分平衡方面起着重要作用，对湿地资源的景观研究是一个对整个江汉平原有着普遍意义的问题。本课题深入调研分析了湿地自然生态系统的特性，认为在江汉平原退田还湖还泽过程中，积极开展湿地的恢复工作，提供动物栖息地，例如可以在湿地上设置架空式栈桥、保留生物通道等，以及营建教育科研基地，为生产提供原材料，发展相关的生态旅游事业等。

在居住景观规划中，从平地、坡地和湿地三个方面探讨村落布局以及相宜的建筑形式。20世纪90年代之前的平地村落布局是以宗族为单位，自由布局，大部分布局形式为散点式，没有规律，建筑常位于台地之上，周围绿树或竹林环绕，而当代的平地村落布局则部分为原始村落散点式布局，部分自发地布置于公路两侧，居民便于交通，同时便于做些小本生意。

事实上，这种村落布局的变化，某种程度上虽然导致农村生活方式的变化，但是农民弃农经商，使大量田地荒芜，并且农民弃农经商也没有得到相应的经济回报，同时公路两旁的景观环境也遭到了破坏。鉴于此，本课题研究提出，沿公路形成袋型村级中心，向里延伸形成不同特点的村落布局形式，开展农业景观旅游，以旅游和生产相结合，并且针对江汉平原地区的农业灾害问题，在建筑形式上提供相应解决方案，例如架空式住宅单元、岛式住宅单元、升降式住宅单元、浮游箱式住宅单元；坡地村落布局形式则依坡地特征，向上逐级形成错落有致、与地形特征相协调的坡地村落，提出住宅形式设想，例如缓坡地覆土建筑、阶梯式建筑等，尽可能实现房屋对原有绿地的零占有率；湿地村落布局形式是通过扩展没有交通干扰的湖泊环境，纳入私人村舍、公园、学校、度假村等，增进湖泊及周围不动产的利用和趣味，挖掘土地和水体价值，提倡巢居式建筑、桥居式建筑、悬挂式建筑等形式，从而一定程度上缓解了江汉平原湖区水面日趋紧张、道路封闭水体、建筑物环绕水际制约水体的开发和利用等一系列问题。

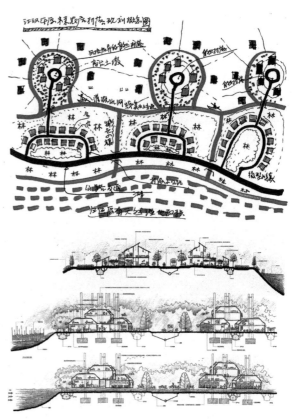

3.3　人文生态景观的濡染与建构

本课题的研究成果为切实解决江汉平原农村、农业、农民问题。对于全国农村、农业的发展提供了一定的思路，从某种程度上可以说，这种实践探索有利于新型生活观念、思想文化对农民的濡染，从而裨益于适宜的、具有可持续性的生活方式以及文化状态的形成与建构。首先，新型景观模式对解决农村由水患变水利，如何适应变化的自然环境，营造有利于当地农民的生产、生活及经济发展提供了可资借鉴的方法；其次，新的景观模式重视社会服务功能和生态服务功能相统一；再次，新型农业景观模式除了满足生产功能外还同时带动第三产业——观光农业的发展，增加就业机会，使农民的经济收入大幅增长；另外，新型景观模式的一系列具有可行性的措施，在一定程度上影响了农民的生活观念，提高了农民的文化认识，塑造出了有利于人类健康、环境保护以及可持续发展的决策、生态和价值观，建构了良好的文化状态，促进了社会的稳定与发展。

4 农业生态景观设计的具体方法

4.1 总体规划

农业景观的总体规划首先要遵循保护生态、恢复生态来进行。总体规划要科学合理，恢复湿地生态循环系统。例如：水体与景观、林业与景观、农作物与景观、居住与景观、道路与景观等，具体地区具体设计，因地制宜地进行规划，利用原有的地形地貌，减少土方的搬运量，总体规划设计要做到绿色、生态、经济、实用。在规划设计上，要对农业生态景观进行详细的功能区划分，使每一个功能区都具有不同的特点。利用现代的设计手法，将现代感与田园风有机结合，力求做到有新意、有特色。要把握好生态与生产的关系、生态与经济的关系、游人与环境的关系等，让种种关系达到高度和谐的契合状态。

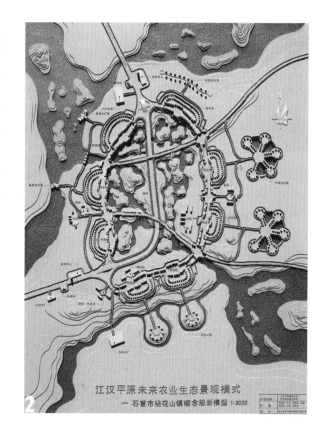

江汉平原未来农业生态景观模式
——石首市桃花山镇概念规划模型 1:3000

4.2 植物配置

在植物配置过程中，应该选用本地树种进行种植，在植物的选择上，尽量选择多采用净化空气和水体的植物，还可选择经济作物栽植进行搭配，比如果树、粮食作物，不仅可以为湿地景观增加田园气息，经济作物也为当地农民增加收入，从而达到生态、经济两不误，不仅对生态有所恢复，同时还可以帮助修复生态系统。并且还要考虑植物的纵向和横向的搭配设计，纵向设计要有植物的高低错落的空间感设计。丰富植物的配置层次，从水生植物、地被植物，再到灌木乔木，做到合理化布局，使空间艺术感增强。横向的设计指的是四季的时间维度变化，随着时间季节的变化，植物所带来的景色也有所不同。

4.3 道路设计

道路设计可以说是乡村湿地景观规划的重点之一，起着连接景点、指引景点的作用。在乡村湿地道路规划中，改变以往居民居住道路两侧的道路设计模式，着眼于地区的湿地地形进行设计，做到有高有低、有直有弯、有动有静。道路有主有次，次干道带状式穿插主干道，形式多样。

4.4 水体规划

水可以说是湿地的灵魂。在农业湿地景观的规划中，有必要考虑水体的规划，在规划水体时，考虑景观的美感，要搭配好自然水域与人工水域，让水网形式多样性、科学性、艺术性。营造出静水—动水、深水—浅滩、大水面—小岛屿等多种类型的水、陆关系，增加水体与村落的连通性。

4.5 乡村特色

所谓乡村特色，以田园风光作为主要卖点，在不破坏当地农业生态环境的情况下，打造生态环保乡村旅游项目，增加乡村的互动体验项目，例如：近身观察农作物，亲身采摘花果，鱼塘垂钓等。这些富有乡村味道的元素，都会使湿地的田园风采增加，充分利用乡村湿地景观特点。

5 石首市桃花山镇镇区概念规划

根据对江汉平原湿地农业生态景观模式的研究，将此原理应用于石首市桃花山镇镇区概念规划方案之中。石首市桃花山镇当前按照建设"美丽乡村"要求，以"四化同步"为主线，以产业发展为支撑，以生态环保为关键，以培育新型农民为目的，进行规划。桃花山镇镇区规划以旅游、商贸作为规划要点，以湿地公园为中心，将农村居民的经济收入差异、社会生活方式以及镇域资源生态模式作为规划依据，倾向于概念设计，重点探讨了农村社会生活、经济运作模式、环境保护等一系列问题与规划的关系，对形成真正的山水田园村镇做出了一种探讨。

农业湿地对于保护农业生态环境、提升乡村空间的景观层次有着重要意义。当前村民生活水平提高，村民闲暇之余需要一个距离近、有品质的休憩空间。桃花山镇镇区生态景观建设规划正是实现了湿地公园和建设用地共享，提升居民及周边农民休闲生活的品质，对乡村振兴发展战略有切实推进意义。周边建成以自然湿地、野生动物保护生态多样性为特色，荆楚历史文化为内涵，供健身休闲、游赏和科考科普教育为一体的郊野湿地生态公园。可以立足本地资源特色，通过栈道、生态游步道相连，贯穿景观规划，提供生态管理，将自然物的自然美，人工建造物的工艺美结合。桃花山镇镇区概念规划的研究，为之后农业生态湿地规划设计提供了一种新思路、新模式。

6 结语

此课题的现实意义与学术价值得到了一致肯定，然而我们对这一课题的研究过程中呈现出的一些问题的思考仍然是不能懈怠的。环境艺术设计的艺术表现已经不是单纯地从视觉角度的一种切入，它涉及社会、经济、生活的方方面面，从某种程度上说它是一种文化的思考，也是一种文化的建构努力，只有基于此种理念的艺术表现，才是深厚坚实的，才具有蓬勃的生机。另外对可持续发展，我们应进一步深化认识，可持续发展并非仅仅旨在维持生态系统的健康和生产力，也不仅限于对现有系统的维护，可持续发展要求我们在维护的同时，必须治疗、改善并管理这个星球的生命支持系统，确保与其相关的地球环境的完整性和能力。可以说，只有对于这些问题的不断反思，才能将真正裨益于我们今后设计实践的多元展开与深入发展。

参考文献

[1] 范文涛. 江汉平原湿地农业生态经济发展研究 [M]. 武汉：湖北科学技术出版社，1997.

[2]（美）弗雷德里克·斯坦纳. 生命的景观——景观规划的生态学途径 [M]. 北京：中国建筑工业出版社，2004.

[3] 康有为. 大同书·癸部.

[4] 王云才，刘滨谊. 论中国乡村景观及乡村景观规划 [J]. 中国园林，2003. 19（1）：55-58.

[5] 王卫星. 美丽乡村建设：现状与对策 [J]. 华中师范大学学报，2014（1）：1-6.

[6] 吕宪国. 中国湿地与湿地研究 [M]. 石家庄：河北科学技术出版社，2008.

[7] 刘军萍，张磊. 国内外发展创意农业的模式与经验借鉴 [C]. 中国创意农业，2009.

[8] 马世骏，王如松. 社会-经济-自然复合生态系统 [J]. 生态学报，1984（1）.

[9] 颜京松，王如松. 近十年生态工程在中国的进展 [J]. 生态与农村环境学报，2001. 1（1）：1-8.

新文旅时代下的亲子综合文旅文创

李方悦

奥雅设计联合创始人 董事总经理

"湖泊水网地区传统村落创新营建人才培养系列讲座"第二十二讲
湖北美术学院环境艺术设计系A8教学楼
2019年5月22日 上午
根据授课视频整理 整理人：崔仕锦 王志慧

讲座主题

随着国家政策的支持，大量资本涌入文化旅游市场，文旅行业逐渐兴起。在混乱的市场环境下，以何种商业模式使文旅项目更具创意与活力，成为每一个从业者应该思考的问题。本文结合横港国际艺术村、中国唐山皮影主题乐园与山精灵松塔乐园等亲子文旅项目，提出了如何在未来文旅市场中营造儿童友好型社区，打造人气爆棚的亲子乐园，以及让非物质文化遗产走向生活等关键问题。最终结合创新的乡村共同体的发展模式，深刻分析在文旅项目中实现创意与设计的最大价值的发展路径。

1 横港国际艺术村的乡村共同体发展模式探析

1.1 乡村复兴与社会革新

乡村复兴与社会变革紧密联系，正处于社会转型的中国，政府政策和资本都开始从城镇转向乡村的建设与发展。21世纪初，国家推出了"社会主义新农村建设"政策，在这一背景下，第一批大规模资本开始流向乡村。新一轮的转变发生在2010年前后，作为国家政策实施的先导地区，浙江省有着宝贵的经验。其中，大量特色小镇的成功建立为乡村建设提供了新的机遇，也是在这段时期，"新农村"建设逐渐被"美丽乡村"所替代。从"新"到"美"的政策转变，使乡村建设工作的重点从注重基础设施建设转变为对社会性问题的关注。

至此，从事乡村工作的设计师面临着大量新的挑战，"美丽乡村"的出现，使设计师获得了更大的发挥空间。然而，面对如此巨大的机遇，很多人无法摆脱先前的工作惯性，生搬过往的经验，盲目推进规划方案中的数据和指标，使之前乡村中出现的社会问题被进一步放大。

1.2 提出"乡村共同体"新型发展模式

我们从公众社会学入手，从整体层面审视乡村复兴。从城镇化角度，作为乡村主要群体的农民成了城市建设的"产业工人"。从乡村来看，农民的流失导致乡村空心化，维系乡村秩序的集体意识趋于消解，老人与儿童所组成的新群体不能有效地形成新的集体观念，每个个体都处在一个逐渐封闭的意识之中，这些现象进一步导致人们对传统乡村文化的忽视和对故乡归属感的缺失。

为了解决这些问题，我们提出乡村共同体的概念。那我们身为设计师与村民有着什么样的共同利益？如何在乡村的营造中体现独有的社会性成为设计师在地实践的重要任务，因此，设计师在乡村复兴中必须转变身份与村民享有共同的利益目标来运营共同体。从运营者的角度来看，共同体还存在于消费者，通过运作使消费者与共同体产生紧密联系，形成共同利益，进而融合成完整的乡村共同体（图1）。

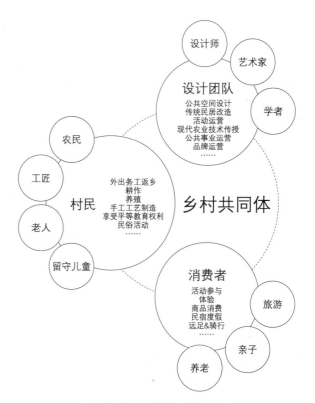

图1 乡村共同体的主题结构图

1.3 在地实践——设计师的多重身份

"在地"即英文中的"in-site"一词，是一个舶来的新兴概念，直译为"现场制造"。乡建实践的在地性，指我们所从事的专业性活动在特定的历史文化场域空间中，设计方案与空间场域发生联系的一种研究和趋势。

虽然我们很早就关注乡村问题，但是直到2015年才真正参与实践。时值"设计之星"大赛，"互联网+美丽乡村"大会在乌镇举办，借此契机，我们结识了距离乌镇5千米的横港村。初见横港村，有一种静谧、萧飒、恍然隔世的感觉。虽然乌镇早在千禧年就开始了复兴的进程，但是多年来取得的成果丝毫

图2　有生态宁静美好的横港村

没影响这个临近的村庄，反而由于积聚效应，很多村民转移到乌镇或经济更发达的地区谋求发展（图2）。最初我们看待乡村建设问题仅仅是一个方案项目，并从专业技术角度对村庄做出规划。然而在接下来的接触中，我们渐渐感受到了当地浓厚的乡土文化与静谧祥和的场所精神，也发现了诸多衰败、困窘的社会现象。面对如此深刻的乡建问题，我们决定将接下来几年的精力全部投入到横港村复兴的事业中来（图3、图4）。

横港书院原本是一座清代的私塾，虽然废弃多年，但经过无损检测我们发现建筑的主体木作结构状态良好。在改造过程中，主要对围护结构和屋面进行了翻新，局部空间方面，对之前的玄关和土灶进行了复原。书院的正面是一片荒废的菜园，先平整场地，利用改造中拆卸和剩余的建筑废料在菜园中砌筑了一些简单的景观构造，进而结合场地中的原生植物将铺地按照一定的图案将废料拼合在一起，最终形成了一个宁静、悠

图3　小鸭艺术中心改造

图4　小鸭艺术中心改造

图5 横港书院改造前

图6 改造后的横港书院

然的空间（图5、图6）。

　　横港别院是我们在乡村的环境中设计的一个满足都市人生活需求的民宿，用当地材料和极少的预算营造了一个兼具乡村美与都市美的空间氛围，成为能够承载停留者幸福的温馨空间（图7、图8）。

图7 民宿院子改建后

图8 民宿外庭院空间

　　横港餐厅也是根据鸭棚进行改建而成。我们基于食堂原有的木质构造与灯光，对整体氛围进行了塑造，为了与室外可食花园的生态、绿色、自然相结合，我们在室内提取了森林的元素，营造一个温馨、浪漫、环保的就餐环境。二楼采用了绑蚕匾的方式，不仅延续了横港养蚕的文化，并且做了艺术感的延续。整个室内为大家呈现了森林中各种小动物愉悦的生活，以及漫天蝴蝶飞舞、生机勃勃的场景（图9、图10）。

　　谈到公平的参与权利，作为一个"空心村"，儿童无疑是这个共同体中的主体，在艺术中心面前的场地上，设计师专门为儿童设计了一片活动场地。方案选用了无动力活动装置，包括滑梯、秋千，这些设施的制造材料完全来源于村子里的废弃材料，包括废弃的轮胎、老旧的木料等（图11~图14）。至此横港村的主体活动场所基本营造完成。

图9　改造后的横港餐厅

图10　横港餐厅外立面

图11　莫比乌斯花园

图12　蚕茧再生（已获实用新型专利知识产权）

图13　小鸭艺术装置

图14　莫奈花园

1.4　产业复兴与乡村运营

在乡村复兴的过程中，产业复兴与提升是运营的关键因素。如果将村民看作生产者，那城市居民便可称作消费者。现代商品经济模式造成了城乡二元结构的对立，生产者的劳动和消费者的高价消费之间的隔阂需要设计师通过运作来化解。在长时间的在地实践中，我们联合村民探索出一套"在地生产—在地营销"的模式。在实践中我们已经对横港当地的桑蚕、稻米和鸡鸭养殖产品进行了运作，在运作过程中，我们向村民传授了现代有机农产品的生产技术和标准，同时将产品销售的利润按比例与村民分享。目前，横港村的蚕丝被、有机稻米、有机鸡鸭都销量不错，整个生产、加工和销售的新型体系得以确立，横港村也随着经济的复苏逐步走向复兴。

图15　横港乡建营

教育活动的开展将居民与游客汇聚到乡村，恢复了横港的活力。同时，这些积极的活动实践将地域和外界、历史与未来，从时间与空间的双重层面紧密地

图16　横港国际艺术村互联网大会外宾

联系在一起，重建乡村共同体的文化纽带。每年一度的乡建训练营为乡村不断注入新的活力（图15），多项文化艺术交流活动（图16）、亲子活动与自然教育等课程，让横港村的运营日益成熟，乡村复兴已看到曙光。

1.5　横港村实践总结

总体来看，横港村目前不管是从人口活力、农业生产、资本流转还是公共事业的运作方面都达到了较好的平衡状态。当然未来还会面临更多的问题，如所建设的公共空间是否真正具有社会公正性，所有被引入的外来文化是否真正具有地域适应性等，都需要未来更长时间的在地实践来证明。

从设计专业角度来看，相比一些历史文化名镇名村，横港村这样的普通乡村在历史风貌保护与更新的博弈中，更容易找到平衡。很多改造项目仅仅需要简单的翻修、软装的采购和安装即可投入使用（图17）。回看这一路走来，设计和技术性的相关问题只占了很小一部分，而整个共同体的运转成了我们工作的首要核心问题。庆幸的是，我们一直坚持在当地对乡村复兴工作进行实践，将自身融入共同体之中，身体力行，将乡村复兴的成果惠及共同体中的每一个人。

对于文旅项目中乡村建设和儿童活动空间的营造而言，设计师们希望设计孩子们可以体验自然、自由玩要的成长目的地，儿童乐园需要用儿童的思维，设计师要做的是放下成人的标准和尺度，并通过创意设计的力量，挖掘自然之特质，呈现艺术之美好。在乡村营建中，靠一己之力去建设整个乡村生态系统是不太可行的，还需要企业、政府、村民几方联合去打造因地制宜的美丽乡村。乡村是大方向的彼岸，实践之后才能知道怎么走，而我们要做的是到乡村去，走出一条清晰的路。

2 如何打造人气爆棚的亲子乐园与儿童友好型空间

在城市现代化进程中，机动车和高密度建筑组团改变了以往城市的面貌，种种原因导致城市环境对于儿童不再安全。在这样的背景下，儿童越来越倾向于室内活动。根据中国儿童中心的数据，城市适龄儿童中27.5%每日室外活动不足一小时，而这一发展趋势还愈加严重。造成这种局面的原因之一便是现有的活动场地无法满足儿童的需求。

图17 横港国际艺术村

文旅项目大多数远离城市中心，如何带来人气是营造与运营时的核心。儿童是中国家庭的中心和中国人的信仰，因而在"1+2+4"或"2+2+4"的家庭结构下，吸引了儿童就等于吸引了整个家庭。随着亲子旅游产品市场的转变，非动力亲子主题乐园成了主要趋势，但国内和国外的非动力乐园不同，文化语境的不同就造成了国内与国外对于非动力乐园的不同期待。国外非动力乐园主要由政府主导投资建设，空间丰富度比较有限。因此，文化结合非动力乐园的打造往往更能迸发出独特的创意。

2.1 结合场地 打造独特性

非动力乐园，顾名思义，就是不借助任何非自然外力及能源，而具备游乐设备特质的主动体验型乐园，具有投资小、体量轻、设计灵活的特点。与很多项目对于自然环境的要求非常高不同，非动力游乐设施规划对于自然环境的破坏程度非常小，能够和当地的文化环境和自然景观高度融合。

洛嘉团队的设计师发现了金山岭上的"秘密"——松塔。松塔乐园是一次尝试，试着跳出城市中的塑胶场地乐园，去做一个"有主题+遵地形+有调性"的自然乐园（图18～图20）。

2.2 结合科技 增强互动体验

目前市场上针对儿童的游戏产品数量众多，而结合儿童景观设计的科技产品势必会成为儿童景观市场的一大趋势。现阶段已经出现了很多具有代表性的互动景观装置作品，在儿童的自闭症疗愈、残疾儿童治愈等

图18 松塔乐园

图19 材料与生态材料的游乐设施

图20 以松子为灵感设计的非动力游乐

领域做出了贡献。

儿童具有强烈的好奇心，结合科技的景观产品能够极大激发他们的主观能动性，好玩有趣的互动方式更能够引起他们的注意。洛嘉黄龙溪亲子乐园为孩子们打造了一款"会唱歌的花儿"，当孩子们走到花朵附近，就能听见它们的吟唱。

花儿怎么唱歌？通过"感应+音响"的组合搭配，当有人经过时感应器感应到人体接近，将信号传递给控制器，让"花儿"开始歌唱，无形之中增加了孩子们玩耍的乐趣（图21）。

图21 唱歌的花

2.3 如何打造人气爆棚的亲子乐园

（1）文化主题：充分挖掘当地文化，找到项目独一无二的特征，找到项目的灵魂，打造独一无二的知识所属权（IP），并将乐园设施非标定制，对各领域全过程进行创新设计。

（2）全龄参与：以儿童为切入点，从家庭的兴趣中心入手，满足全年龄段使用者的度假和精神需求。

（3）系统化设计：从场地勘察与IP营造、策划定位，到规划设计、建造、营销建设、教育运营的一体化。

2.4 如何让非物质文化遗产走向生活

每个项目从策划定位、规划设计至建造、运营各个环节的核心都离不开创意。缺乏创意，则缺少了激活整个项目的动能。那么如何通过创意与设计的力量进行文旅赋能？以及如何把我们的创意在这么短的时间里落地？这两个问题在做"中国唐山皮影主题乐园"时，引起了我的思考。

2.5 舞动的皮影，行进的唐山

2018年7月，我们收到唐山世园会（世界园艺博览会）管理委员会的邀请参与亲子乐园设计项目。在确定乐园主题时，我们与世园会领导达成一致，一定要从当地的文化主题出发。

我们希望这个主题在基于当地文化的同时，也是面向未来的。因此，在最初考虑"皮影"和"凤凰"时，觉得太过于传统，并不可取，在考察了当地生活和参观了当地的博物馆之后，我们对皮影（图22）有了全新的认识，并决定从在当代的审美观与思想上对皮影进行重新诠释。

皮影，本身就是一个解构的艺术，它身体的每一个部件都是几何的、可以分开和重新组合的，这与立体主义中"追求碎裂、解析、重新组合"和解构主义中"颠倒、重构"的理念不谋而合。同时，皮影戏断断续续的连接动作形成了其独特的戏剧美感，即行走中的皮影。实际上，皮影戏就是一种古老的"中国动漫"。于是我们提出了亲子主题乐园的设计理念——"舞动的皮影，行进的唐山"和"最古老的动漫、最时尚的皮影"。营造一处国际化的中国皮影主题乐园，是对唐山文化的全新诠释，也是对皮影非物质文化遗产的传承与发展，这个创意的提出得到了一致的认同（图23）。

在主题乐园的整体规划方案设计（图24）上，我们共设计了"皮影巨人（图25）、皮影旋转木马（图26）、勇者之坡（图27）、低碳馆（图28）、皮影泡泡乐园、洛嘉梦工场乐园、水乐园、冰淇淋花园、光之乐园、雨水花园、皮影兔之家、皮影大道"等主题区域。

在这个项目中，乐园中的游乐设施都是定制

图22　皮影

图23　立体主义、解构主义与皮影

图24　总平面

图25 皮影巨人

图26 皮影旋转木马

图27 勇者之坡

图28 低碳馆互动设计

的，由我们团队自主研发设计。为了保证游乐设施能实现我们预期的效果，设计师在工厂现场指导加工，及时解决生产过程中出现的问题，共生产及整合了将近100多个设备。

在景观小品的设计中，皮影从"卡通""经典"和"传统"三个方面被重新定义，将整个项目的景观、建筑、小品、IP以及衍生的文创产品（图29）串联为一个整体，并借助现代的材料和工艺将传奇人物形象加以展示，是一部用现代手法演绎唐山的"中国动漫"。

图29 IP形象与衍生品

2.6 创意与执行力兼具，才能实现"文旅赋能"

唐山皮影乐园项目，我们有很多突破。从完成皮影兔亲子餐厅和绘本馆的设计施工及软装、延伸到皮影兔文创产品的开发、自然教育的课程植入及开业活动的整体运营操盘，我们实现了从设计到运营的微笑曲线，实现了商业模式的闭环。

在未来的文旅市场，创意与设计的价值会越来越大。那么如何实现价值，我认为不仅需要设计与创意，也需要强大的执行力、落地能力与运营能力。"中国唐山皮影主题乐园"就是一个很好的例子，只有将创意与执行力都落到实处、相互串联，才能真正实现"文旅赋能"，才能为我们的项目注入强大的生命力。

2.7 总结

皮影作为唐山当地的非物质文化遗产，本身就是一种解构的艺术，通过对皮影艺术的挖掘、解构与重组，皮影文化借助艺术性的设计贯穿在乐园的主题与细节之中，创造出了独一无二的文化+游乐空间，在乐园里全新演绎的皮影文化也成了唐山的文旅形象大使。另一方面，唐山儿童主题乐园的成功探索为非遗活化提供了一些思路，包括应坚持系统化设计（EPC+O模式），即场地勘察与IP营造、策划定位，到规划设计、设施、建造、活动营销、运营体系的一体化，并肯定创意设计在此过程中的领导作用，以国际化的视角不懈追求项目和设施的品质与创意等（图30、图31）。

图30 洛嘉梦工场定制的儿童设施   图31 皮影大道

天人合一的本意与当今之用

李景奇

华中科技大学建筑与城市规划学院 教授

"湖泊水网地区传统村落创新营建人才培养系列讲座"第二十讲
湖北美术学院环境艺术设计系A12教学楼
2019年5月21日 上午
根据讲课录音整理 整理人：张楠 吏希超

讲座主题

　　围绕着天人合一，分析了其思想来源和精神内涵，以及天人合一在历史发展中的演化。天人合一可以概括为"天、地、人、神"的四位一体，与自然环境和人文景观息息相关。伴随着思想的演化，景观设计的理论思想也在不断地更新。在人与自然关系的问题上，需要人们转变思维方式，摒弃唯自然论和唯科技论，在敬畏自然的同时发挥人的主观能动性，形成人与自然的和谐统一。

1　人与自然关系的演化

人类文明演进经历游牧业文明、农业文明、工商业文明、信息文明几个阶段，而人类与自然的关系也从最开始的敬畏自然，到利用自然，再到试图征服自然。现在，人类已经意识到人与自然并未对抗而需共生的关系，于是逐渐又被自然征服。生态智慧的理念就是要人类克服唯科学论与唯自然论，利用科学技术了解自然规律，敬天畏地，有限度地发挥人的创造性，利用自然为人类服务，遵从自然并有限度对抗自然。人类也是生态系统的一员，是地球的居民之一，凌驾于自然生态系统之上的思想会让人类陷入万劫不复。

2　天人合一的文本出处与文献研究

生态智慧的理念与核心与中国古人所提出的"天人合一"的思想有着许多不谋而合之处。"天人合一"的命题最早是由宋代理学家张载第一次明确提出："儒者则因明致诚，因诚致明，故天人合一，致学而可以成圣，得天而未始遗人。"（《正蒙·乾称篇》）据统计，在中国古代文献典籍集成《四库全书》中，"天人合一"共出现197次，而《周易》中出现次数最多，达94次。天人合一的关键，便在于《周易》中所提出的"天人合德"——"夫大人者，与天地合其德，与日月合其明，与四时合其序，与鬼神合其吉凶，先天而天弗违，后天而奉天时。天且弗违，而况于人乎，况于鬼神乎？"（《周易·文言传》）可以说，天人合德是天人合一的精神内核。

3　"天人合一"如今被热捧原因

3.1　当前中国社会存在五大危机

当前，中国社会存在五大危机：一是极端功利主义、过度消费主义、人类的贪婪欲望、人性信用过度透支导致的人性危机；二是工业化、城镇化、资源的掠夺式开发与过度利用，信息革命与全球化带来的资源与能源危机；三是西方唯科技论与牛顿笛卡尔哲学价值观使得人类在工业化与后工业化时代试图征服自然而引发的生态破坏、环境污染危机；四是人类的赌博心态与投机心理引发社会的高风险危机；五是中国城市与乡村发展的极度不平衡导致的经济危机与城市繁荣与农村的凋零衰败危机。当下的时代与海德格尔时代遇到了相似的社会问题，即技术至上、人性异化、人类过度物欲化、过度功利化等，最终导致人类生存环境极度恶化。海德格尔用"诗意地栖居"哲学，进行诗性救赎，让人回归本来，回归本原，回归自己，回归本真。

3.2　天人合一与诗意地栖居被热捧的原因

西方哲人试图将海德格尔的诗意栖居的哲学理念作为解决人类目前生态保护与经济发展的理论与方法，

东方哲人则试图以天人合一的核心观寻求可持续发展的思想理论途径。20世纪90年代以来，国内的诸多学者如钱穆、季羡林、王毅等都对天人合一的理念与内涵进行过讨论与探究。天人合一、诗意地栖居之所以成为东西方哲学家试图应对与解决当下社会危机的金钥匙，是因为它们与人的生活理想、与自然发展的客观规律相契合。天人合一思想是古代哲人为今人留下的思想瑰宝，然而，如何将这座思想宝库化为今用，解决当下的生态与社会问题，则需要探究一系列更为具体与有效的转化途径。为此，关于天人合一的动力学机制的五大质疑被提出。包括天人合一是否有理论与文献支撑？天人合一的目标与愿景又是什么，有没有具体实施的途径与措施？天人合一的发展脉络是怎样的，其思想内涵是否被误解和误用？天人合一的理想与哲学观如何传承与发展？

4 "天人合一"的历史沿革

天人合一思想是中华民族智慧的结晶，是中国传统文化最伟大的贡献。对中国古代的哲学、医学、农学、艺术、兵法等学术领域产生了深刻的影响，形成了中国传统文化的主要特色。"天人合一"的思想早在西周时期就已萌芽，其内涵是天定人伦，实际上仍是人神关系，而到春秋战国时期时，"天人合一观"才可以说已基本形成，《周易·文言》中说"夫大人者，与天地合其德，与日月合其明，与四时合其序，与鬼神合其吉凶，先天而天弗违，后天而奉天时"亦指出了理想人格即"大人"乃是道德完美，既能洞知自然规律又顺应自然规律的天人合一的人格。正式提出"天人合一"明确概念的是北宋儒者张载，他继承并发扬了孟子、荀子等学者的思路，提倡天人同气，万物一体。他认为"民吾同胞，物吾与也"，仁者爱人类，同时也爱自然万物，并以此作为人生追求的最高理想和境界，这可以说是对中国传统"天人合一"的经典性阐述之一了。由此一来，"天人合一"说便成了自宋以来占主导地位的社会文化思潮，为各派思想家所广泛接受。在张载提出天人合一概念后，程颐、朱熹、王阳明，直至近代诸多学者，从不同角度对这一概念的内涵与外延作出了自己的解读。

5 "天人合一"与天人关系

5.1 天人关系的三个层次

天与人的关系是中国古代哲学研究的核心问题。史学家司马迁曾提出研究历史的意义便在于"究天人之际，通古今之变，成一家之言"。北宋思想家邵雍说得更彻底："学不际天人，不足以谓之学。"（《皇极经世》）如果做学问不讨论天人关系，那就不能叫做学问。人与天有着统一的本原、属性、结构和规律。"天人合一"中"天"的内涵，可以分为三个层次。一是指自然之天，是与人相对应的整个自然界，泛指一切自然存在和现象，以老子、庄子、张载、刘禹锡为代表，"天人合一"是指人的精神境界与自然界（道、太虚、无极、气）融合为一体；二是指具有伦理意义和道德化的天，以孔子、孟子、朱熹为代表，"天人合一"是指天理、天德与人性合一；三是指神学意义的天，即带有人格意志的、创造及主宰宇宙的天，"天人合一"是指神与人合一。

5.2 风水学——天人合一的具体实践

天人合一在中国古代具体的实践行动便是风水学的发展，风水学是研究生命与环境的科学，讲究万事万物之间的相生相克、相互依赖、相互依存、相互影响。在古代，从阳宅村、镇、城选址规划（《阳宅三要》）到陵墓选址（《葬经》）无不借助风水学的理论与方法。风水学既是中国古人的审美观、环境观，也是中国人的生存经验，同时还是研究天、地、人、宇宙之间关系的学说。风水师是中国规划、建筑与景观设计的祖师爷，也是生态规划的鼻祖。现代的风水理论即时空环境学，是将地球物理学、水文地质学、天文学、气象学、环境学、建筑学、生态学、人体生命信息学，以及美学、伦理学、心理学、宗教、民俗等多种学科综合一体的方法论，它追求的是建筑的人文美与环境的自然美的高度和谐，以求达到人与自然的至善境界，这是中国特有的景观审美方法，是一种场所精神、一种情感归宿。

6 "天人合一"的过去与未来发展

6.1 天人合一与生态智慧解读

天人合一思想并非无本之源，它是古人生存智慧的结晶。随着工业革命、信息革命的发生，人类社会的科技不断进步，生存的本领也在不断加强，然而科技的进步是否意味着智慧的增强呢？科技与智慧是否又是对等关系呢？举例来说，科学衡量人体健康的标准多为血糖、血压、血脂等统计学意义上的生理指标，而智慧层面上衡量人体健康则是看他是否吃得香、睡得好、排泄快。再比如科学衡量饮食是否健康多考量食物的热量，以及蛋白质、脂肪、碳水化合物、微量元素等物质构成，而以人类智慧考虑饮食则是注重它的色香味以及养生养体的功效等。西医治病按照健康的标准，运用科学技术针对病灶、病原与病毒对症下药；中医则是按照健康的经验，按照人五脏六腑的运行规律，调理人的各器官功能，让人体自身恢复与消灭疾病。

中国的智慧无不与中国的宗教、哲学、艺术、审美相关联，无不与老百姓的生产、生活、娱乐、休闲相关联。

6.2 天人合一与人类城乡建设实践

智慧是高于科技的思维方式与经验体系，当科技不受宗教、道德、伦理的约束后，便会走向另一个极端，生化武器、基因武器、毒品制造等都是科学技术误入歧途的产物。在科学不断发展前进的过程中，人类也在不断地否定之否定，最后无限逼近真理，所以阶段性的科学也是伪科学。因此很多科学家的研究转向了对自然现象与自然规律的相对合适解读与合理解释上，而人类城乡建设实践实质上也是对土地这种稀缺资源的一种合理利用与管理，是人与自然生态系统关系的处理。

作为天人合一的生态实践，当下中国的城乡建设有三大任务。一是对自然环境的维护与保护，人与环境相互依存、相生相克、相互影响，自然环境作为物质空间与生命载体，地形、地貌、气候、土地、阳光、空气、水等自然要素是人类的生存本底，关乎人类的健康生存与发展。二是人工设施与人工景观规划建设，人居环境的建设需依据人类发展目标，适度利用科学与工程技术，对自然资源与生态环境景观进行利用与改造。三是恢复与修复受到破坏、干扰的自然环境与自然资源的结构功能，如流域性调水工程、重大基础设施建设（交通、水库、高铁、高压输电、高速公路）对环境的破坏、城乡居民点建设、矿产矿山生产、大规模农业生产以及战争核试验等。

7 结语

通过对天人合一的发展沿革以及当今之用的梳理可以发现，古代的天人合一并非高深莫测。当下，天人合一及诗意栖居已经变成了一种价值观与哲学，以人为本，以天为本，天人本一，是天人合一哲学思想的基础，它与天人相分、天人之分的西方哲学相对应。天人合一思想当代的生态智慧，是超越科技应对人类存在、生存、发展战略决策的总思想、总纲领。风景园林与城乡规划工作者须牢牢把握祖先留下的宝贵经验财富，在实践中不断拓展其内涵与外延，兼容并包，与时俱进。

身份认同与乡村景观的表达和重构

李景奇

华中科技大学建筑与城市规划学院 教授

"湖泊水网地区传统村落创新营建人才培养系列讲座"第二十讲

湖北美术学院环境艺术设计系A8教学楼

2019年5月21日 下午

根据讲课录音整理 整理人：张楠 吏希超

讲座主题

　　讲座内容分为两部分。第一部分着重分析了环境对人身份认同的影响，以及城乡环境的差异与城乡体制差异的不公平性对乡村居民的不利。如今，应当破除城乡隔离，缩减城乡差距，为乡村提供更公平公正的环境。第二部分结合参与乡村建设的案例，重点阐述了景观的定义、现代景观所缺失的内容，以及应当如何构建乡村景观的问题，并提出了人是最美的景观这一理论。

1　身份模糊与身份认同

全球化与信息化时代，人类对于自我身份的认同变得愈加模糊，从国家身份到民族身份，再到国民身份，从农业社会到城市社会，到城乡社会，再到公民社会，身份的多元化造成了身份认同的各种不确定性。改革开放40年以来，经济的飞速发展大大提高了国人的生活水平，但是也产生了贫富差距加大、社会阶层分化等新的问题，城乡二元分化的格局使得当代农民无法完全认同自己的身份，对未来的社会与职业定位也显得十分模糊。

2　身份及定位

2.1　身份的识别与认同

身份是熟人社会与系统内部的标签，具有时空效应，人的一生始终伴随身份的变化与认同。人首先为自然人，即生物学意义上的人，如男、女、老、幼、青、壮等身份。其次，人还是社会人，即在社会学中指具有自然和社会双重属性的完整意义上的人。根据马斯洛需求层次理论，当人的生理和安全需要等低层次的需求得到满足后，他们往往会产生交往需要、受尊重的需要以及自我实现需要。因此，自然人通过社会化，适应社会环境、参与社会生活、学习社会规范、履行社会角色的过程中，逐渐认识自我，并获得社会的认可，取得社会成员的资格。

2.2　中国户籍管理——城乡二元制度的优缺点

中国户籍管理一直采取的是城乡二元制度，这种制度在特定的历史背景下具有一定的优越性。首先在资源短缺的条件下可以优先保证城市供给；其次在一定程度上可以调控人口结构，保证城乡有序发展；再次计划经济时期，国家运用行政手段，通过强制性粮食统购统销和工农产品剪刀差，将农业剩余转化工业积累，加快了工业化建设与工业化进程。可以说，在经济发展较为落后、工业生产力低下的年代，国家依靠"三农"，为工业化、城市化的发展提供了资本的原始积累。但从另外一个角度来看，这种制度也存在着明显的弊端。一是农民身份认同的错位，在二元户籍制度的统筹安排下，农民不是被当作一种职业，而是被当作一种社会等级，一种生存状态，一种社会的组织方式，一种文化模式乃至心理结构。在这种户籍制度下，当农民即使是不再耕种土地或者失去了土地之后进入城市，其农民这一身份角色也很难被彻底改变。二是二元户籍制度形成了城乡社会间的防火墙，公共资源配置和基本公共服务等向城镇和城镇居民倾斜，农村得到的公共资源和农民享有的基本公共服务明显滞后于城镇和城镇居民，农民不能平等参与现代化进程、共同分享现代化成果。三是二元的户籍制度使得城镇居民和农村居民在身份上分为两个截然不同的社会群体，农村居民无法在就业、子女教育、医疗、社会保障、住房等公共服务领域享受同城镇居民相同的待遇，合法权益不能得到充分保护。四是阻碍了农村与城市间的经济、文化与人才的流动，继而阻碍了城市的城镇化进程与乡村的振兴发展。中国目前的城乡格局是长久政策下的产物，是制度制造的不公平的产物。城乡户籍二元制已经完成了历史责任与任务，当下亟须消除与弥合城乡之间的差距与阻碍，真正实现社会资源的公平流动与农民身份的认同与认可。

3　乡村景观构成与表达——中国景观的中国表达

3.1　景观的哲学构成

景观是一个具有多义性的词汇，它是人与自然多种过程叠加形成的，包括了人与自然的边际文化信息，是人类一定时空地域下、一定生产生活休闲娱乐方式下的土地利用变化过程。景观既是空间的艺术，是不同的地域文化与地域景观；也是时间的艺术，体现了不同社会阶段经济科技审美；更是时空艺术，它受到了空间与时间交互作用与影响。

现今，景观（风景园林学）虽然已被教育部列为一级学科，但它仍是一门年轻的学科，各方面的体系仍不健全。首先缺少法理，即与景观、风景相关的法律法规；其次缺哲理，即目前尚未形成被广大学者与从业者普遍接受的景观哲学或风景哲学；三是缺学理，风景园林作为一级学科，下面尚未形成各个不同研究领域的二级学科支撑；四是缺科学，即缺少风景园林研究的一套方法理论体系；五是缺核心，景观学属于交叉科学，其目前的研究多借鉴其他学科的思路与方法，缺少学科自身的唯一性与不可替代性。总的来说，风景园林学的发展整体仍未超越古典与传统园林学，现代意义上的"学科"依然未建立。

3.2　中国的乡土景观

在中国，传统乡土景观、政治景观、新乡土景观是三类十分具有地域特色的景观类型。传统乡土景观包括村落、民居、农田、菜园、风水林、道路、桥梁、庙宇、墓地等风景要素，它是普通农民日常劳作形成的草根景观，是农耕文化与农业文明的结晶。但在快速城镇化过程中，这类景观正在消失，化作历史。新政治景观包括高速公路、高速铁路、飞机场、大运河、万里长城、茶马古道驿站、古代都城、帝王陵园、儒家文庙、景观大道、城市广场、城市文化中心、大学城、交通枢纽、金融中心等城市基础设施和文物古迹，它们往往尺度宏大、规制完整、形式豪华正式，是举国体制优势下，集科技、资金、审美于一体建成。新乡土景观包括社区公园、街头小吃摊、城中村繁华的街道、棚户区、出租屋、杂乱的农贸市场、都市菜园等，这是一种非正规性的自组织景观，具有机动性、适应性、暂时性的特征，在城镇管理的统一秩序下，它不一定合法，却艰难地、畸形地、合理地生长与存在着。

3.3　城乡景观规划的四境设计

传统的乡土景观是中国最本土、最具有地域特色的景观之一，它包括生态景观、生产景观、村落景观（住宅、村落布局机理、戏楼戏台、宗祠家庙、古树、古井、私塾学堂等）、风俗景观（宗教祭祀活动、文化娱乐活动、婚丧嫁娶、庙会赶集等）、陵墓景观（祖坟、陵园、公墓等）、旅游景观（农家乐、观光农业、休闲农庄、田园综合体等）、乡愁景观（农业遗产、集体记忆等）。景观是时间与岁月的艺术，十年景观，百年风景，千年风土。中国的乡土景观是农民与自然环境长期共生下的产物，并非刻意设计而成。那么，当下中国的乡土景观是否需要设计呢？又需要怎样的设计呢？

由此，李教授提出城乡景观规划的"四境"设计与当下诗意地栖居"四境"追求。由此，城乡景观规划的"四境"设计与当下诗意地栖居"四境"追求被提出。一是生境，即生存生命与环境景观设计，体现生活美、生态美与环境美；二是情境，即生产生活与游憩景观设计，体现参与性、趣味性与艺术性；三是善境，即宗教信仰与寺观景观设计，体现乐善好施、关怀袍泽、普度众生的意境；四是恒境，即死亡哲学与陵园景观设计，表达瞬间即永恒、生死相依、超越生死的主题。

4 城乡重构——乡村景观重构

在长期二元体制的分隔下，中国的乡村与城市在空间边界、时间类型上都有诸多差异。乡村的时间是生态时间，是前现代的、服从自然、遵从生态规律地安排生产生活；城市的时间是机械时间，是现代的，具有控制与管理、权力倾向和功利倾向。乡村空间是地理空间、血缘宗族空间与行政空间，城市空间是高密度居住、高强度开发的异度空间，具有权力—非血缘性、智力—非体力性与契约—非道德性的特点。

当下中国城乡体系的重构，最重要的并非对空间秩序的重构，而是对精神秩序重构。精神生态重构中，对人态（真、善、美）的修复最为关键，它是社会道德伦理美丑—秩序的重新建立。城市（乡）修补、生态修复、产业修复中最重要的是"人态"的修复，包括人心、人气、人文、人智、人伦等方面。如果心中的祠堂已经倒塌，外化为物质空间的缝补修复行为，皆成为礼仪的形式主义。当下城市与乡村秩序的建立是急需要干的事情，就是人文伦理、生活道德伦理、生产生存伦理、景观土地伦理、商业伦理与政治伦理的重构。其次是对社会秩序的重构，即社会的公平、公正、正义。中国乡村振兴的终极目标是实现中国农村—农业—农民的现代化、文明化、契约化、秩序化。达到这个目标不是一蹴而就的，而是阶段性的、渐进性的，第一阶段是经济发展，农民打工赚钱，脱贫盖房的基本生存需求得到满足后，才会有美化环境、建设美丽家园的动力与愿景；第二阶段是发展农村的旅游业，进行旅游乡建、乡村基础设施建设；第三阶段是整合村庄、整合产业，在此基础上完成城乡整合与融合；第四阶段则是对户籍制度、土地制度的彻底改革，使农民真正完成公民身份的转变与认同。

5 乡村景观重构的理论与方法

5.1 乡村景观建设规划的模式

乡村景观重构的第一步，是要对其服务对象（农民、村民、市民、游客）、住宅景观、公共景观、工业及产业景观、旅游景观、节日景观进行解构与重构。设计师需要考虑未来农民价值观与审美需求、居住现代化的需求、生产生活娱乐方式的改变、旅游游憩产业需求与发展、国家的生态安全与粮食安全、社会安全需求等多方面的要素。乡村建设与乡村景观建设的理论与方法涉及美学、诗意栖居、游憩学、形态学、环境学、生态学、历史学等。

乡村景观建设规划模式需考虑村民生产生活娱乐方式下的土地利用变化过程与村落变迁。一是生产模式的规划，主要包括对农、林、田、圃的形式的规划；二是旅游游憩娱乐度假模式的规划，主要包括对风景区、狩猎场、演艺场等场地的设计；三是风水模式的规划，如祭祀、礼仪、权力、阳宅、阴宅场所的设计；四是景观审美模式，即设计形式的考虑。此外，还包括对功能模式、生态模式（山水格局、蓝脉、绿脉、山脉、气脉、文脉、路脉）、乡土模式、方言模式、文化记忆模式的策划与规划。李教授还提出，未来乡村景观建设的主要发展模式为特色小镇的新乡村主义形式。这一形式在国内已有过不少实践项目，如全国引领特色小镇（健康产业小镇、军民融合小镇、文体旅产业小镇等）、住建部特色小镇（工业发展型、历史文化型、民族聚居型等）、浙江特色小镇（金融小镇、医疗小镇、电影及艺术小镇等）。

5.2 乡村旅游的类型

在乡村景观重构的过程中，发展旅游业是一条行之有效、特色双赢的途径之一。目前，乡村旅游已形成以下八种类型：一是观光旅游型，二是休闲度假型，三是参与体验型，四是文化娱乐型，五是学习教育型，六是品尝购物型，七是疗养健身型，八是回归自然型。纵观世界上其他国家的乡村旅游发展，比较有特色的法国家庭农业园、教育农场模式，意大利的绿色度假、农业体验园模式，德国的度假农庄、市民农园模式，日本的观光农园、农业公园模式，美国的观光农场、农业博物馆模式等。国内乡村旅游发展比较具有代表性的模式有深圳的农业公园、观光农场、绿色农场，北京的观光农业园、科技农业园、观光采摘园，上海的现代农业园、生态农业园，广州的农业主题公园、观光农业园，成都的农家乐、乡村旅游度假村、花卉盆景园，台湾的休闲农场、休闲牧场、乡村民宿，江浙地区的田园综合体、特色小镇，湖北地区的花卉博览园、古民居民俗风情、现代农业园、特色养殖、花卉苗圃等。

6 结语

乡村景观的重构与建设是一条艰难而又漫长的道路，在美丽乡村与城乡一体化融合的社会大背景之下，规划设计师唯有切实把握当下农民最为真实迫切的需求，积极推动乡村与农民身份地位的转变与认同，方能营造出具有地宜、人宜的优美的乡村人居环境。

建造"美丽乡村"的设计创新与美学品位

彭军

天津美术学院环境与建筑艺术学院 教授

"湖泊水网地区传统村落创新营建人才培养系列讲座"第二十六讲
湖北美术学院公共基础课部A12教学楼
2019年5月24日 上午
根据讲课录音整理 整理人：翟哲 郭永乐

讲座主题

围绕"美丽乡村"建设的主体问题、"美丽乡村"的旅游开发与乡村资源保护的平衡问题、"美丽乡村"遗存的历史文化与新时代美学理念的共生问题展开，通过对美丽乡村建设中面临的"农村人口流失""文化特色缺失"等根源性问题的发掘、提出在乡建背景下的新的乡村人居环境设计原则。

在美丽乡村建设中，最为重要的是"文化保护"，只有了解乡村、深入研究乡村的文化传承、充分尊重当地历史文化、保留其独有的文化特色，才能使村民从心灵上获得归属感、认同感。通过对传统文化意象的传承与发展，结合中国乡村现状和本土文化来思考其与现代设计创意的融合，赋予其独有的人文内涵与美学品位，才能科学地、行为有序地推进未来的设计、未来的管理、未来的乡村建设。

1 中国传统乡村留存的现状与分析

1.1 地域差异、人文差异

2013年中国城镇化水平达到53.7%，10年里有90万个村子消失了，其中包括大量古村落，乡村萎缩、聚落形态消亡、文化遗产失传、乡村景观衰败。随着时代的更迭，城镇化的加速建设，古村落在逐渐的泯灭，虽然这是社会现代化、居住环境不断改善所不可避免的历史进程，但是有价值的古村落以及孕育其中的文化遗产如何得到保护、传承，确实是当下在规划"美丽乡村"时无法回避的课题。农村逐渐边缘化和空心化的现实以及美丽乡村建设在全国范围的迅速推进，对加强美丽乡村建设研究提出了迫切需求。

1.2 经济差异、意识差异

在中国美丽乡村建设取得突出成果的案例大都出现在南方，相对来说北方地区则相对滞后，形成"南强北弱"的局面。究其原因最为根本的是地域良好的经济基础，城乡区域协调发展水平较高，无论是百强县数量、城乡人均收入、人均存款量、人均消费、城乡人均住房面积、人均交税、汽车拥有率、奢侈品消费等指标均排名前茅。农村产业状态良好，产业形式比较丰富，村民能够安居乐业。而有些区域自营产业明显落后，大批青壮年外出务工，形成了农村"空心化"问题极为严峻。

诚然这里面也包含南方气候适宜、降水丰富、土壤肥沃、山清水秀、植被茂密等自然生态环境的原因，但这绝不是主因。贫穷落后中的山清水秀不是美丽中国，最为重要的必然是农村经济的提高、生活环境的改善、基础设施不断地完善，这样才能不断增加村民的归属感和自豪感，让农村留得住人，这才是基础，只有这样才有可能言及继承传统村落文化，发扬民族优秀精神，保持、提升生态环境，最终使乡村成为"生活的乐土，精神的家园"。

2 欧洲村镇掠影与感悟

2.1 集中型城镇化

英国是城镇化的先驱，14、15世纪就开始了城镇化，开始得最早、水平最高、逆城市化显著，城镇化水平达到82.1%，经历了"中心城镇化—郊区城镇化—逆城镇化—城乡一体化"的阶段。英国的乡村建设注重保留传统痕迹、地域风格，以及风情感受；注重公共服务设施与基础设施配套；注重相关立法与规划保障。这些行为举措，对于中国的乡村建设来说都是非常有益的参考与借鉴。

2.2 借鉴与借见

改善农村基础设施是每个国家乡村建设必不可少的环节；强化环境保护和生态建设意识；美丽乡村建设

的经济基础是农村经济发展，要开发特色农业和现代化生态农业；美丽乡村建设应注重发挥农民群众的主体作用，政府起到帮扶和引导作用；美丽乡村建设的关键在于培养会思考的农民。

3 艺术设计创新的内涵与意义

3.1 何为设计？何为装饰？

要领会艺术设计创新的内涵与意义，首先要了解什么是设计、什么是装饰。何为设计？简明扼要地说就是具有创新属性的、具有内涵的创造性活动。高水平的设计应该具有美学内涵与人文品位。何为装饰？其显著的特征是表面层次的美化。人们的生活需要一般意义的美化，但是要从实质上提升生活质量与美誉度，必须是系统化、由表及里地进行设计。

空间艺术是为人的常态化生活而设计的，要遵循人类生活状态时的审美意趣，要具有艺术创意的美学品位。

3.2 谁是主体？

对于乡村建设的主体毋庸置疑，就是当地土生土长的村民，绝非来此观光的游客。因为美丽乡村其根本目的就是提高村民的生活质量。在美丽乡村建设中，单纯地弄一些老民居、建寺庙、没有区域根基的模板式建筑，或增加旅游的噱头，或附庸一下当代人已遥不可及的古人风雅，或徒增一个没有灵魂的所谓传统村落的皮囊，这些无根之木绝对抵挡不住城市现代化的冲击，传统村落文明或早或晚会被改造，以适应"现代化"的生活而失去本来面目。

4 美是"有意味的形式"

英国的形式美学家贝尔的著名美学命题是认为美是一种"有意味的形式"。他认为在不同的艺术作品中，线条、色彩等以某种特殊方式组成某种形式或形式间的关系，激起我们的审美感情，这种线、色的关系和组合，这些审美的感人的形式，就是"有意味的形式"。"有意味的形式"是一切视觉艺术的共同性质。空间艺术设计不是独立于社会和市场而存在的纯艺术品，它必须具备科学的功能性、特定的文化内涵。

5 提升社会人文品位，共建美丽乡村设计与创新

5.1 文化资源遗存的保护与利用

中国文明从开始即有着浓重的农耕色彩，距今五、六千年以前遍布黄河南北的那些农业村落，与今天中

国农村的自然村落，有着诸多血脉相通之处。在漫长的封建社会，中国的农耕文明趋向成熟、完善，甚至能够代表人类农耕文明的最高水平，也是当时整个人类文明的最高水平，其内部秩序和谐，且有自我调节免疫能力，深深扎根在适宜农耕的土地上，曾经无比光辉耀眼。曾经传统社会的中国，文化人是储存在乡村的，宰相、大臣退休了，都会叶落归根，使得它成为文化很深厚的地方，甚至比城市更深厚。重新探讨如何让文化力量重返乡村，如何让乡村拥有高质量的教育水平，这些都是建设具有美学品位的美丽乡村所首要考虑的问题。中国地大物博，有上百万个村庄，这些村庄或气质从容安详，或翰墨书香，或者个性原始、粗犷，或形象空谷幽兰……，因此首先要充分解读，充分了解村庄的文化特质，才能有的放矢地传承弘扬。不能用碎片化的、线性的、解构的眼光分析村落，应该把村落当作一个活态的有机整体来考虑，对整体自然人文环境、历史环境要素、传统文化生活的统筹研究。农村经过数百年的发展，已形成了各具特色的民俗文化，如地方方言、节庆礼仪、传统戏曲、传统工艺及宗教信仰等，只有保护好古村落民俗文化，才能体现出古村落乡土人文气息氛围，古村落才能完好地得以保存和传承延续下去。

5.2　生态保护

从生态保护的角度来说，农村是重要的储备，是巨大的蓄水池，整个城市的发展要靠农村建设来平衡，否则的话，整个生态系统更容易被破坏。中国的古村落从选址到布局都强调与自然山水融为一体，因而表现出明显的山水风光特色。中国传统哲学讲究"天人合一"的自然观，把人看作是大自然的组成部分，因此人类居住的环境就特别注重因借山水，融会自然、朴素的生态观念一直伴随其中。中国古人对理想居住环境的追求包含对生态环境的追求，其中的规律被蕴藏于风水学之中。风水强调人与自然的和谐，特别看重人与自然环境的关系。如生活在黄土高原上的先民为了与大自然适宜，选择了掘土而居的穴居形式，具有节约用地、成本低廉，冬暖夏凉、防风、聚气等特点。中国古村落绝大多都具有山环水抱、坐北朝南、土层深厚、植被茂盛等特点，有着显著的生态学价值，如背靠大山既可抵挡冬季北来的寒风，又可避免洪涝之灾，还能借助地势作用获得开阔的视野；良好的植被，既有利于涵养水源、保持水土，又可调节小气候和丰富村落景观，真正做到了人与村庄适宜于自然、回归自然、反璞归真、天人合一的真谛。保护农村，主要保护传统乡村中的人与自然和谐的生活状态，重点保护古村落内历史街巷的整体格局、道路骨架、平面布局、方位轴线关系、水系河道等。

5.3　意象保护

中国有着数千年传统的社会文明，在各地都留有不可磨灭的历史印记，其中包括传统的乡村建筑，它记录了当地的区域文化特色。传统乡村建筑的形式具有多样化的特点，其中更多受到了当地文化的影响，吸收了当地的习俗，这些特点表现在了当地的总体布局、建筑样式等方面。传统的乡村建筑因地制宜，与自然环境相适应，体现了与周边景物的融合性。乡村的原始形成更多地依托于自然生态环境，存在于一定的自然、经济社会与文化环境中，其发展与演变不仅受地理环境、气候条件等自然条件的影响，还受同样的物质生活、文化传承、社会、经济、历史和人文因素的影响，从而形成了各自的传统习俗、人文风格和地方特色，这就是乡村特色的个性体现。就像一些传统民居一样，是中国建筑历史的一个见证。这些祖屋、土屋、石屋等农民民居也是中国建筑历史的一个见证。

5.4 设计的独特性与设计品位

从对传统文化意象的传承、演绎的设计应用中，如何将现代的创意设计与中国现实情况和中国本土文化相结合起来，是设计、建设具有美学品位与内涵的未来乡村不断探索与思考的。对于未来的发展趋势主要体现在设计理念上：以文化底蕴为依托，让设计回归自然、融入自然；设计创意上：挖掘创意概念本身的艺术价值，体现具有文化品位的多元观念的设计；设计追求上：研究设计的真谛，摒弃表面庸俗的修饰。

随着现代设计思潮的涌入，无论是对建筑设计还是景观规划，都是设计思路上一次新的拓展。虽然前期发展中更多的是"拿来主义"和照搬模式，走了一些曲折的路程。当我们意识到了这些不足之处，就应当从新的技术材料、新的思维模式、新的设计理念中入手，将中华优秀的文化理念融入其中，创造出独属于东方美学、具有"中国品位"的"美丽乡村"。

6 结语

中国幅员辽阔，资源条件不同，建设"美丽乡村"切忌千篇一律，应该尊重当地的自然条件，避免城市建设出现的问题。设计师们应首先了解乡村，深入研究乡村设计的文化传承。不能为自以为是的"理想"而设计，而应该为生于斯、长于斯的农民，为融为自然的生态环境而设计；应该充分尊重乡村历史文化，使乡民从心灵上认同是他们的美好家园。

山、水、诗、意

何凡

湖北美术学院环境艺术设计系 副教授

"湖泊水网地区传统村落创新营建人才培养系列讲座"第二十三讲
湖北美术学院环境艺术设计系A8教学楼
2019年5月22日 下午
整理人：余含之

讲座主题

　　山水画的发源基于对地理形态的描述，其文化背景亦离不开当时的地域与人居环境。由于各个地域的地理环境气候的不同，作者、观者与游者不同，古人都有着不同的画面营造手段使之符合各自审美的独到之处。因此山水画的发展亦影响到后来的文人造园，以至城郭发展多样性，这些山水之间的差异和多样性也一直延续至今并成为符号化的产物。本文以诗意的山水画作为点题，结合当今山水城市相关艺术家、建筑师的作品来解读当代社会人和环境的共生共存以及山水诗画的理想意境。

1 引论

魏晋以来，人们的审美意识一直被山水画的美学理论和山水诗文化所影响，到隋唐时期的园林造景手法发展到了鼎盛。诗与画"文化"精神的传递在传统中国园林体现得淋漓尽致，文人寄情于山水之间以画入园，因画成景，是一种源于自然而高于自然的意境体现。山水画作中所追求的"气韵""意境""写意""笔墨"等中国传统审美哲学观，也深深地渗透到了现代设计创作之中。

2 中国传统山水画的文化背景

从中国文化的起源来看，先秦遗存有少许资料，例如《山海经》《水经注》《诗经》等，通过用图形、文字记载地理地形的信息，详细地描述我国早期河流、山脉之间的关系。生动地记载了与河流即流域相关的故事、传说和人居情况，其中插图的补充给山水画创造了一些史无前例的机会。

2.1 受地域人居环境的影响

中国山水画的文化背景离不开当时的地域人居环境。山水画的发源基于对地理形态的描述。《水经注》是中国古代最全面、最系统的综合性的地理著作，北魏郦道元系统地研究了早期园林的环境面貌以及与周边环境的关系，保存了大量的地理人文风貌，对研究地域人居环境具有重要的研究价值。由于各个地域的地理环境气候的不同、服务对象的不同，古人都有着不同的处理手段，形成了自己的独到之处，便产生了中国园林南北差异的多样性，这些差异一直延续至今并成为符号化的产物。

2.2 文化对社会秩序和城市格局的影响

《水经注》对当时华夏大地水脉周边一些流域的故事和事件的记载都依托于水系纲领。它除了记载河流的网络，还涉及《河图》和《洛书》，这两幅神秘图案也是从水的体系纲领里发展延伸出来的，无论是文字记载还是图形描述，对后世的地理选址起到了很重要的作用。早在原始社会时期的墓葬里便出现了这些图案。河图洛书图象征着东、南、西、北图文的形状恰似一个算盘，而他背后揭示的是天文学里记录行星的轨迹变化，实际上反映出皇权对整个格局体系的渗入。在中国传统的文化里"和谐思想"是重要的内容组成部分，其源于远古先民与自然相处过程中形成的自然观、宇宙观和巫文化。通过历史进程的发展逐步渗透到儒家、道家等大统思想文化领域，成为统治者规范社会秩序、思想行为的重要思想。

河图洛书对中国的城市格局有着重大影响，历史上的周王城"匠人营国，方九里，旁三门，国中九经九纬，经涂九轨，左祖右社，前朝后市，市朝一夫。"九宫格，是天时地利人和统一关系的呈现，天、地、人如何有机地体现在空间形态的格局里面，周王城九宫格规划模式的形成做出了很好的解答。此后城市的发展变化一直延续这种格局,对乡村同样有着深厚的影响。

3 传统山水画的发展

山水画始于隋唐,成熟于宋元,唐朝的意气风发,到宋朝的无我之境,元明的淡雅气度,都表达了不同时代的人们与自然之间的关系。

中国古代山水长卷是将山水的景象气韵与画家心灵境界融合并符号化的产物,创造过程中体现着生命精神,构建了人与自然和谐存在的有序世界。

3.1 传统山水画分类

1. 画法分类

明代画家董其昌奠定了中国山水画"南北宗之说",它深刻地影响了古代画家对绘画的领悟与其创作活动。南宗秉承的是佛教禅宗的"顿悟";而北宗则是足履实地的"渐悟",认为只要辛苦练习就可以达到某种高超境界。盛唐初际,山水画脱离人物故事,成为独立的绘画科目,形成了中国绘画史上独特的发展体系。李思训和王维作品由此便被分为"青绿"和"水墨"两种山水风格的始祖,可见,王维在风格上泼墨大写意,而李思训父子线条上细腻秀美。李思训继承并发扬了展子虔的画法,用笔工致严谨,风格尤为堂皇华丽,具有极强的装饰性。由于王维的作品较少,年代久远,大部分都是比较斑驳的痕迹,但仍然以独特的表现手法和"意出尘外"的境界,给山水画增添了"画中有诗""画中有禅"的无穷意味,中国从此有了真正意义上的文人画,他著作的《画论》对自然现象进行深度的挖掘、剖析,在作品里将禅宗之义发挥到了极致。

2. 题材分类

在题材上则多以历史故事、纪游山水、田园山水、神仙山水、界画为主。如王蒙《谷口春耕图》的历史,取材自汉成帝时郑子贞拒绝成帝礼聘,隐居谷口自耕自食的故事;关仝《关山行旅图》通过叙事性纪游山水题材描绘北方深秋山川下人们艰辛的行旅活动;钱选《浮玉山居图》里的茅舍、小桥、老翁,一派江南水乡的清润景色,无不透露着隐居者悠然的田园风光;顾恺之的《画云台山记》天马行空地描绘出云台山,充满了神仙怪异;安正文《岳阳楼图》轴、《黄鹤楼图》轴通过界尺作为绘画的工具,精确地表现建筑的状貌等。

3. 地域分类

由于画家生活环境的不同,在山水画中便反映出南北不同的地理特征的画面题材。陈传席先生在其著作《中国山水画史》概括了南北的差异:南方平淡天真,青烟淡峦,气象温润,山谷隐现,用密密、或长或短、柔性润媚的点子表现山石的凹凸,景多低矮山丘,洲汀掩映;北方则石质坚凝,风骨拔峭,以线条勾出凹凸,用坚硬的"钉头""雨点""短条"皴之,景多高山飞泉,大山突兀,长松巨木。

3.2 画境赏析

隋朝展子虔创作的《游春图》，即使这个时期山水画表现方式还不成熟，并没有形成合理的前、中、远视图，用墨技法比较单一，但是它形成了"超然物外"穿插构图的新格局。连唐代张彦远曾叹言："动笔形似，画外有情。"是山水画历史上浓墨重彩的一笔，起到承上启下的关键作用。

山水画在宋朝达到了巅峰，政治上倾向重文轻武，绘画的造诣已经到了登峰造极的境界。宋朝的山水画在表现形式上尤为注重运用笔墨的手法和构图方式，如范宽创作的《溪山行旅图》，中峰鼎立式的高远法构图，用雄健的笔锋勾勒出山石的俊俏，边缘处少许留白，以体现石头的凹凸质感，整幅笔墨雄厚，给人"如行夜山，黑中层层深厚"的审美感受。巍峨高耸的山体占据了画面的三分之二，气势逼人。人类对自然敬畏的同时，内心追求着田居生活的精神向往，营造出深山藏古寺的意境。它更多阐述的是中国人审美的哲学体系。

黄公望的《富春山居图》十日一水，五日一山。通过平远法式构图，人随景移，引人入胜，被誉为"画中之兰亭"，古代山水画不是视觉经验的直接模仿，而是回到家中后创作悠然于山水之间，富春山居图对于作者来说，不仅是一幅画，更是具有生命态度的哲学，是对自然存在之"道"的心灵化表达，意在体现自己诗意理想的一种生活状态。自古便有"为情而造文"的传统艺术主张，一直影响着人们在关注客观事物规律同时，强调映射心理的审美。

脱俗高逸、气韵清新的《槐荫消夏图》将古人对自然"诗意地栖居"的向往体现得淋漓尽致，整幅画面透露着消夏避暑的惬意享受，衣纹引带袒胸露乳，闭目养神，与"六月清凉绿树阴，小亭高卧涤烦襟"颇有异曲同工之妙，画者的惬意通过纸面传达，带给观者惬意。宗丙曾叹曰："老疾俱至，名山恐难遍游。当澄怀观道。卧以游之。"凡所游历，皆图于壁，坐卧向之（出自《名画记》）。古人通过物象以畅神，注重的是"视觉心象"，这时候山即有情，水便有意。

人文画是感性的，具有人文色彩。但到了从唐开始明清以后，就出现了一些比较工整的"界画"。界画和山水画其实是同步发展的，顾恺之曾言："台榭一足器耳，难成易好，不待迁想妙得也"，相比山水画讲究的情怀，它更注重的是工匠写实，与生俱来的"工匠性"十分接近现代社会制图过程当中的轴测图，由此，界画和我们如今的设计表现、规划建筑有着密切的关系。

界画在绘画炉火纯青的宋代以后，因为受到了院体画的影响，对建筑山陵的关系，包括人物之间的关系都刻画得非常细腻透彻。如张择端的《清明上河图》是院画中极精之作，整个作品以长卷的形式，运用散点透视的手法，通过水系、街道带状的布局，将分散的景观点全部连接起来，依次展开，达成移步换景的效果。他是对当时整个北宋城市社会风俗写实的描绘。人物细腻严谨，活动情节生动丰富，从当时的社会现象、政治和画面表达来讲，已经到了极致。

透过画面可以剖析到古人都城规划的规律——通常选择在水边进行建造城市。明代冯梦龙在《醒世恒言》中言："自古道，靠山吃山，靠水吃水"，因地制宜、合理地利用水资源可以养活并解决部分就业问题。在古代，即使有马车及驿站，但交通依旧不发达，必须靠廉价的水路提高效率，"水"就成了流动的资源、流动的载体，每年的漕运可见古人对水的重视。在中国传统文化中，"风水之法，得水为上"，因此我国古代的城镇在两水交汇处是非常多的。

4 中国山水画的创作理论在园林空间的生成

4.1 散点透视

王维在《山水诀》中言："夫画道之中，水墨最为上。肇自然之性，成造化之功。或咫尺之图，写千里之景。东西南北，宛尔目前；春夏秋冬，生于笔下。"可见，中国山水画之所以能创造百米长卷、咫尺千里的辽阔，正是采用了中国独有的"散点透视"原理，体现着民族特有的视觉与精神空间。以"游移"为线路并形成连续运动的景观，这实际上是突破了视野局限的动态展示。"散点透视"给现代景观设计带来的是空间的逻辑关系，在一段特定的空间传达给观者视觉感官感受，有限的空间达到无限的景致，构成人与物之间交流的艺术手段，要求设计者充分考虑以人的知觉感受和体验。如苏州拙政园，其造园空间布局上，是由若干个独立而又相联系的小空间组合成的大空间，通过水平和垂直的空间分割，把不同的空间特性展现出来，游景的空间层次丰富而有韵味。

4.2 三远论

当北宋郭熙在《林泉高致》提出他对画作的个人见解，"三远法"理论就诞生了。"山有三远，自山下而仰山巅谓之高远，自山前窥山后谓之深远，自近山而望远山谓之平远。"对中国山水画产生了深远的影响。并在韩拙的著作《山水纯全集》和石涛"三叠两段"的理论得到了详细的延伸。三远法并不是几何学空间形态里的科学透视，正是中国古人的哲学审美创造了诗意的意境空间。突破时间与空间的桎梏，通过山石、水体、植物增加景深来达到扩宽平面空间的效果，呈现出山水景观的虚实相生，具有节奏感的空间层次。传统山水画"三层，三远"的空间处理方式对现代景观的层次营造有着重要的影响，在园林布局中也具有六远的意味，通过借景、对景、点景、框景、漏景、障景等手法，对自然景色进行分割取舍。

1. 高远

高远法为传统山水画的"高山仰望"，顶天立地、撼人心魂，是极具质感的表现形式，注重精气神的意境营造，与园林意蕴不谋而合。常在假山的设置上，控制园林的空间布局，采用高远法的构图形式，使人产生高大巍峨的感觉。再譬如北海的静心斋，全园以叠石为主景，在各个叠石制高点设置景亭和叠翠楼，隔水望山，可纵览全园的景致，用逆向思维体现了高远法的画境。

2. 深远

通过加大景深以体现山重水复来扩大平面空间是传统山水画的惯用手法，也可用于园林的景观营造。如北京颐和园苏州河通过建筑、朱桥、植物的重叠、咬合、转换手法，增加场景的纵深度，并利用岸边垂柳、红枫、青松的植物配置，形成鲜明的色彩风景层次，大大丰富了立面的空间形态。

障景是古典园林体现深远法常见的手法，运用山石植物进行视线阻隔，营造景物微茫缥缈，若有若无，将园内空间相互渗透。在拙政园入口处，利用迎面的假山屏障，进行视觉遮挡，绕过山石、水池就能看到远香堂，便构造出近景、中景、远景三个层次的景深。

3. 平远

苏州的网师园，以布局紧凑、协调的空间尺度而著名，中部以水池为主导因素，环池的亭、廊、阁与夹岸的假山叠石、树木，与水面的"空"，形成鲜明的虚实对比。从彩霞池自西向东看，层层的假山好似远处的山峦，极具"平远法"的特征。再如拙政园借景离园外数里之遥的北寺塔；畅春园远借锡山、惠山之景；避暑山庄借景棒槌山。都以远山为背景，近岸广水造出平远法的意境。

4.3 曲折变化

诗格原本是文章诗文中承上启下的衔接格式，但在规划景观设计空间同样有着很好的文学性的说明。讲究的是作诗有四法："起要平直，承要春容，转要变化，合要渊永"，与景观起承转合节奏关系不谋而合。《园治》中指明"不妨偏径，顿置婉转。"古人在园林中追求的曲径通幽，峰回路转，以达到连绵不绝的深远意境。不仅可以形成引导人流的曲折流线，扩展不同空间维度，层次丰富，同时合理地分隔了景观空间形态。给人带来意犹未尽、柳暗花明又一村的豁然景观，这种藏露有致，步移景易，难穷其源的幽静，无不使人留下无尽的想象空间，遂使之拥有深邃意境，引人流连忘返。如苏州留园，全园曲廊长达七百余米，随形而变，多样变化的空间景色，在入口处利用曲折狭长的空间，欲扬先抑，与园中空间形成强烈对比，使人顿觉豁然开朗，每经过一次曲折，都有一番新的境界。园中有着双面和单面的空廊依附于墙体，形成半封闭的状态，借助建筑群的组合体现"蜿蜒曲折"的空间穿插，给人不可穷尽的空间体验。

4.4 比德寄寓

清代方薰《山静居画论》中言："作画必先立意以定位置，意奇则奇，意高则高，意远则远，意深则深，意古则古，庸则庸，俗则俗矣。"古人常常把笔墨语言当作以情达意而通理的载体，达到心与境契的境界。是审美者的"象形"与"会心"的深华，是主客体不断地融合与自然万物达成双向的同构关联。儒家的美学命题深刻地影响着园林的创作。托物言志，借物传情，强化了园林景观的艺术感染力。如扬州盐商的宅邸私家园林个园，园内池馆清幽，水木明瑟，并种竹万竿。取苏轼"宁可食无肉，不可居无竹；无肉使人瘦，无竹使人俗"之意，故曰个园。寄托了君子追逐本心，浩然正气，清雅脱俗的气节。

园内通过四季假山的构思，运用不同质感的石料，分峰用石，烘托渲染出春夏秋冬的诗情画意。

5 当代城市山水与山水城市

1990年7月，中国著名的科学家钱学森在给清华大学吴良镛教授的一封信中提出了"山水城市"这一概念，钱学森在信中说道："我近年来一直在想一个问题：能不能把中国的山水诗词、中国古典园林建筑和中国的山水画融合在一起，创造'山水城市'的概念。"

1992年钱学森在给顾孟潮的信中第二次提出了"山水城市"的概念，他说："要发扬中国园林建筑，特别是皇帝的大规模园林，如颐和园、承德避暑山庄等，把整个城市建成一座大型园林。我称之为'山水城市'。人造的山水！"

1993年在钱学森的倡议下，在首都北京召开了关于山水城市的第一次座谈会，它为山水城市的发展奠定了坚实的基础。这绝不是一个偶然的问题，而是后工业时代人类回到资源怀抱历史趋势的必然。

由此"山水城市"这一概念最终被确立下来。"山水城市"构想针对当时中国城市刚刚出现的大规模的水泥方盒子建筑，提出要以中国的山水精神为基础建立一种新的城市模式，让"人离开自然又返回自然"。但这一富有理想主义色彩的城市设想，并没有得到真正的实践和发展。无论从数量还是规模上来讲，目前中国是世界上城市化速度最快的地方，所以当今的艺术家和建筑师也都关注建筑和城市发展的问题。

5.1 城市山水

上海的艺术家杨泳梁的城市山水作品一直都贯穿着城市化的问题，这也许是由于他生活的经历造就的。从小他便在名师指导下接触书法、国画等最传统正派的文化。但上了大学以后并没有抗拒西方最先进的观念与技术。因此，他所创作的令人惊叹的图景，融合了中国传统文人画的审美及当代艺术的表现方式。自身所发生的文化碰撞与中国城市发展时遇到的境况无二，在上海城市发展变迁的过程中既是参与者、又是旁观者的他运用数字手段去塑造"城市山水"是水到渠成的。自创作于2006～2007年的《蜃市·山水》系列开始，就已确立了独具个人风格的视觉语言，数码绘画中的多种意象及元素，同时体现了前代雅士的精神家园及当下的现实问题。乍看杨泳梁的作品，会马上使人联想到中国文人遥想及描绘的自然山水风光。杨泳梁创作的山水风景受到传统水墨画风格和构图的启发，尤其是对山水画中的难点——结构和墨色，都处理得很到位，这和杨泳梁自小练就的扎实的绘画功底及极高的艺术修养密不可分。细看作品时，观者则会惊奇地发现艺术家塑造的山水大观中：山不是山，而是层叠耸立的现代高楼；郁郁植被也由建筑起重机及电线杆替换；而题字和钤印则是以图标、工业刻字与财务图表代替熟悉的景物构筑了陌生的大千世界。

原本，这条线索便是基于艺术家成长的个人经验得来的，并不突兀。自然与文化、过去与现在、个人与集体、艺术与实用以及瞬息与永恒，这些看似对立的话题被艺术家在他所创造的天地间，巧妙地融入与抚平。对于自然，那从来都是文人心中的一片天地。自然并不是真正存在于某一个地方的，其实只是在表达一种文人对现实的无奈。正因如此，将山水、城市一起置入幻境，构建出艺术家眼中最真实的虚幻。

5.2 山水城市

建筑和城市规划的"城市山水"概念被最终确立是在20世纪90年代，陆续在一些具备地缘优势和地域特点的城市有了零散的有关山水城市的实践探索。比如经济文化较为发达的北京、上海，因其文化积淀和智力储备较为充分，所以其对传统城市建筑的创新探索较为敏感和积极。再如在包括深圳在内的珠三角开发区等城市化进程较快的地方，这种由旧到新转化急剧的新城市化建设也在很大程度上刺激了艺术家和建筑师的创作神经。此后几年间陆续在南京、武汉、哈尔滨等地开始有与城市山水相关的展览、研讨会等学术活动。

我们所熟悉的城市，多数都被高楼大厦包围着，现代建筑的重复和抽象使城市失去了灵魂，都市人离自然越来越远，石室森林带给人们的麻木感也越来越重。现代生活愈是紧张逼人，那种物我两忘、云雾氤氲的山水自然心境愈发成为中国人生命的出口。"山水"，对人与自然和谐相处、相容相生的渴望，就像中国人身体里蕴藏的文化基因，永远存储在情感深处，一有机会便泄流而出，奔腾不息。

建筑设计师马岩松亦将自己的"山水城市"看作对钱学森30年前思想的回应。建筑设计师马岩松提出的"山水"并不是想复古，而是力图超越技术层面的各种概念，去追求人和自然之间精神性的东西。这位既拥有国际学术背景、又从小在胡同里长大的"老北京"，思考的问题趋向"东方"。传统北京所蕴含的"山水城市"气质，影响着他对建筑和城市的思考；而北京及其他中国城市如今面临的规划困境，也令他反思在现代城市中，应如何再现那种人与自然和谐相处的人居精神。面对高密度的城市高大建筑，马岩松说："在这样的社会里，所有的社会规则都是以高效率、大批量生产、大批量复制、流水线这样的一个价值观来进行。高楼大厦一个比一个高，但是没有什么创新。"近40年过去了，城市建筑发展到现在，一味追求"更高、更大"显然不是城市发展的有力趋势。马岩松开始回过头思考人居与自然，于是他重拾了"山水城市"的理念。"山水城市"的核心是将更多的自然生态元素融入城市之中。

建筑师马岩松的设想及建筑实践中，山水城市应该有着现代城市所有的便利，也同时有着东方人心中的诗情画意，将城市的密度与功能和山水意境结合起来，建造以人的精神和文化价值观为核心，能够引起情感共鸣的未来城市。

近年围绕"山水城市"这一核心设计哲学，期望通过创新建筑创造社会、城市、环境和人们之间的平衡。在极端现代主义建筑泛滥的中央商务区，马岩松希望通过艺术的设计手法将一种生机勃勃的山水文化注入新的城市实践。由他的团队设计的"朝阳公园广场"建筑通过人工景观与自然景观之间的对话，探寻重新定义城市化背景中的当代设计方法。建筑通过人工与自然景致的和谐营造，探索现代都市的人居理想，项目位于北京，毗邻朝阳公园，建筑与公园借景，建筑形态与公园内的自然景观相呼应、相观望，自然存在的湖、泉、林、溪、谷、石、峰这些中国山水的传统意境，被转换为建筑中的意象运用在建筑语言上，创造出一个高密度城市与自然景观和谐过渡的空间。"山水"的理念不仅体现在技术革新上，更体现在整体规划观念上。将传统诗意带入城市，在高密度快节奏的区域重构建筑和环境的共生关系，创造一种给人以情感寄托和有归属感的未来山水意境。

6 结语

"人离开自然又要返还回自然"，在现代风景园林设计活动中，合理地运用中国山水画理论经验，成为传统文化的催化剂和艺术创造的媒介，基于中国文化对未来城市农村的发展思考，建立具有"中国性"本位的理想蓝图，创造"可行、可望、可游、可居"的"山水城镇"，营造"不出城郭而有山水之情趣，身居闹市而有林泉之雅致"的理想环境。人们对于山水的感情，不论是山水诗词、山水画还是园林建筑，它们的表现方式各有不同，但它们表达的思想情感是一样的，都是表达了对大自然的热爱。

江南乡村的"形"和"意"

王海松

上海大学上海美术学院 教授

"湖泊水网地区传统村落创新营建人才培养系列讲座"第十一讲
湖北美术学院环境艺术设计系A8教学楼
2019年5月16日 上午
根据讲课录音整理 整理人：任川 郭永乐

讲座主题

围绕着"杭派民居的研究与实践"展开，着重讲述了以下四点：江苏地域传统建筑元素；上海江南水乡传统建筑元素；"江南"的概念；江南乡村"形"之骨、元、表、廓、界；乡村"意"之匠意、绿意、素意、合意、随意，并且结合金汇镇新强村的设计案例阐释了江南乡村"形意兼顾"的乡村之道。

开篇以上海市为例，介绍了上海市强调三种文化，即红色文化、江南文化、海派文化。在此背景下，上海市郊乡村现状可分为三类：肌理和单体都在，肌理还在、单体被替换，肌理和单体都不复存在。上海市作为江南水乡的典型代表，研究其乡村郊区的建筑形式对我们了解江南建筑文化、推进湖泊水网地区的乡村营建有着深刻的意义。

1 上海郊区四大建筑文化圈

1.1 冈身松江文化圈

冈身松江文化圈是指现松江、青浦、金山和闵行浦西部分,在建置上与松江府关系紧密,其地理环境、物产经济与太湖流域的水乡地区具有一定相似性,传统民居建筑处于过渡地带,富有苏浙融合的江南乡居风格。

(1)在空间上:聚心向内。无论多小的用地,皆有向内的庭院作为中心,向外封闭,向内敞开;中正平和。民居无论大小皆求中正,在相邻关系上并不刻意攀比,平和过渡;水路双生。整体肌理沿水岸展开,并因商业发展,建筑与道路的关系很密切,形成水路之间既分又合的交融关系。

(2)在立面上:四落屋面。乡村常见建筑屋顶相互交接组合成一个整体,形式丰富多样;曲折绵延。将观音兜、马头墙等各种元素结合使用形成曲折延绵的整体墙面;虚实相间。通过材质对比、凹凸变化、敏感交错,形成多变的虚实关系,尤其在滨水界面上,视觉感受非常丰富。

(3)在构造上:青瓦屋脊。物及做法简单,仅作瓦条脊,不施盖头灰,屋脊端头常做钩子头翘起;桁间斗栱。廊桁或步桁之下,喜欢做桁间斗栱,也有简化为只施以坐都的做法;立中竖梃。入口大门双扇或多达六扇,正中间设一条木制竖梃,门开启后人只能从两侧进入,尚存古风。

(4)在装饰上:菱形风窠。明间脊桁正中,用金属做成菱形交错的图形,中间有金属花饰和挂钩;苏式木雕。木雕的位置和形式与苏州民居几乎一致,尤其是山雾云和花机;古朴檐廊。檐廊下做翻轩时,做法较为简单,以实用为主,不刻意追求雕饰精美。

1.2 沿海新兴文化圈

沿海新兴文化圈包括浦东、奉贤及闵行,位于黄浦江以东、以南。因沿江靠海,对外来文化兼容并蓄,吸收了西方建造理念,因此,民居杂糅各地建筑元素,呈现中西合璧的建筑风貌。

(1)在空间上:屋屋相连。院落空间进深大而宽广,房屋比邻而建,山墙并立屋面相连鳞次栉比;多院相套。以院落为组合单位,在空间序列上形成多院并联,纵横交错,多院相套的信号;滨水而居。沿海岸线村镇滨水而居,民居或临河或临街,形成一街一河的街巷肌理风貌。

(2)在立面上:高低错落。民居院落山墙形态丰富,或为观音兜,或做马头墙,高低起伏,形成独特风貌;中西合璧。受上海近现代发展影响,装饰元素中西合璧,以高桥、川沙较为明显;多元融合。门窗及仪门装饰呈现多样化建筑元素特征,以本土特征为主,融合外来样式。

(3)在构造上:抬梁穿斗。民居院落木构架形式丰富灵活,中考抬梁与扇面穿斗构架相结合,空间结构牢固;砖木相混。多元融合,木门窗与砖,石柱并置受力,艺术风格交相辉映;肥梁瘦柱。抬梁、穿斗式建筑均有肥梁瘦柱特征,体现上海村镇传统木构建筑别具韵味的审美意趣。

（4）在装饰上：质朴装折。门窗及室内小木作装修质朴大气，高桥至德堂采用磨砂彩玻璃蠡壳窗的手法；古韵仪门。民居院落内庭仪门形态精巧，中西合璧又富有古韵，砖仿木构特征明显；雅致雕镂。传统建筑院落细部装饰丰富多彩，有木雕、砖雕、灰雕。朴实大气，巧而雅致。

1.3 淞北平江文化圈

淞北平江文化圈以嘉定、宝山为主，地处吴淞江以北，历史上长期属于苏州平江管辖，仪门、轩廊、抬梁、穿斗还有内部装饰，符合苏州园林特色。

（1）在空间上：近水聚居。冈身以东水流不畅，常易淤塞，居民于近水处组团聚居；精巧仪门。内庭院依照苏式传统没有仪门，与简洁外门形成强烈的虚实对比效果；大宅开间。民居以大开间、士绅宅院居多，商业小开间界面较少，冈身以东尤为明显。

（2）在立面上：简约庄重。以双坡硬山屋顶形式为主，外墙的粉白实墙面，整洁朴素；石框库门。入户对外大门采用石料门框的框档库门形式，简洁大气；高强起伏。山墙高大，多采用坡度较高的苏式观音兜装饰。

（3）在构造上：苏式屋脊。屋顶小青瓦铺砌，屋脊多用苏式雌毛脊和哺鸡脊；花篮梁架。部分厅堂的正贴步柱不落地，采用苏式园林花篮梁设计；乡土挞门。部分乡土民居仍保留矮挞门形式，便于采光通风。

（4）在装饰上：园林花窗。民居外墙上镂空花窗，体现通透的园林墙垣之意；轩廊木雕。部分宅院内装修精美，梳廊采用船篷轩、菱角轩等设计；落地长窗。沿庭院长窗落地为门，传统样式丰富，如长葵式、书条万川字式等。

1.4 沙岛文化圈

沙岛文化圈以崇明为主，为典型的沙洲岛屿地貌。

（1）在空间上：宅沟环绕。崇明民居依宅而挖宅沟，以四面环绕的四厅头为最；北方合院。崇明民居正房与两侧厢房屋面分离，屋脊不相交，形式偏似北方民居。

（2）在立面上：粉墙硬山。以硬山为主，粉白或水泥墙面，呈现出简朴的整体形象；砖木、防潮。山墙以木构架与青砖混合构成，与如皋地区民居做法近似，墙基注重通风防潮细节设计。

（3）在构造上：简朴屋脊。屋脊多于山墙相交收头，做法简约质朴；一窗一阖。崇明昔以棉纺业为主，为兼顾传统形制与织布机进出方便，出现独有的一窗一阖式门扇，在部分内院中有所体现；倒座墙门。入口大门双扇或多达六扇，正中间设一条木制竖梃，门开启后人只能从两侧进入，尚存古风。

（4）在装饰上：传统装折。各民居装饰特点不一，装饰以梁架雕花、落地木窗、花漏窗、花边滴水瓦等为主。

城乡一体化不是城乡一样化，农村要有农村的特色，不能简单复制城市建设形态。要遵循乡村自身发展规律，保留保护村庄肌理、自然水系、粉墙黛瓦、小桥流水、枕水而居，体现江南特色。

2 江南乡村的建筑风貌

江南是一个地理的概念，也是一个文化的概念。对于江南水乡传统建筑的研究要从"形"和"意"两方面进行分析阐述，以探索"形意兼顾"的乡村之道。

2.1 江南乡村的"形"

江南乡村的"形"分别是：骨（乡村骨架）、元（细胞、基本单元）、表（外形）、廓（轮廓线）、界（边缘）。

"形之骨"是水系，依水就势、以水为街、枕水而居、伴水而栖。

"形之元"为院落，院宅相生、绞圈连环、窄弄狭巷、大小相宜。江南水乡院落的组合方式主要分为三种：绞圈房：上海地区特有的民居建筑形式，在浦东新区一带尤为明显，分单绞圈、南北组合二绞圈和东西相拼二绞圈三种形式；纵向并联式民居：在浦东新区一带较为常见，其特征主要体现在空间上的进深序列感，还可由不同形式单体院落组合构成；综合并列式院落：亦是浦东新区较为常见的民居建筑形式，又称为"多院相套"，使得组合院落增加路旁的轴线序列，丰富肌理。

"形之表"是砖木，素木朴砖、粉墙黛瓦、古韵仪门、雅致雕楼。

"形之廓"是屋顶，延绵缓起、虚实有致、形态各异、细节丰富。屋顶山墙面的形式有观音兜、马头墙（五山屏风墙）、近现代民国风格。

"形之界"是边缘，相生相融、顺应自然。

2.2 江南乡村的"意"

匠意——精工巧作，穿斗抬梁、肥梁瘦柱、古韵仪门、雅致雕楼。

穿斗抬梁的结构做法是浦东新区民居建筑中应用最为广泛的形式。其中，有一部分是介于两者间的混搭型做法，结构受力更加稳固。柱与梁搭接处采用榫卯结构，整体屋架穿斗连排的做法，在空间高度上使得梁架等承重构架能更加牢固地支撑屋顶。

肥梁瘦柱的做法是浦东新区民居建筑中采用较为普遍的形式之一。其运用于穿斗和抬梁结构中，特点是柱头收分明显，横向短梁呈略带夸张的弯曲状，上部通常绘有精美雕饰，符合民间木构建筑技术工艺的传统审美观。

绿意——生态怡人，绿波荡漾、见缝插针。

素意——淡然朴素，墙、瓦、木、砖就地取材。

合意——共生杂糅，中胎西体、中西混合。

随意——因地制宜，随遇而安、顺应地块。

2.3 "形意兼顾"的乡建之道

"保护与更新并重"——保持群体肌理，保留地标，更新基础设施。

"意蕴与功能并重"——保持江南意蕴，满足现代生活需求。

"塑形与换骨并重"——学习木构的建构逻辑，研究轻钢替换方法。

"新材与旧料并重"——注重地方材料的应用，运用可再生材料。

"低技与高技并重"——适宜性生态技术的集成。

江南传统建筑的"形"要整，"意"要整。这个"形"和"意"不是复制传统，也不是机械地在原来的基础上做一些建筑。保护与更新并重的总体规划策略是保持群体肌理，保留地标，更新基础设施。同时也要强调意蕴与功能并重，要适用新的使用功能，如果一个个小房间，底层无法打通，对于开发商要做的注入新的功能是非常不利的，现代生活需求也是面临的重大问题。采用塑型与换骨并重的建构方法。学习木构的建构逻辑，研究利用轻钢体块，不拘泥于现代材料，完全能够很方便地提供功能需求，而且可以用轻钢做出江南水乡的风格感觉。新材与旧料的并重，局部保留老的砖墙，地面铺装，新老混合，注重地方材料和可再生材料的运用。即使用钢结构，铺面坚持用传统小青瓦。江南的颜色和质感都体现在小青瓦上。

低技与高技并重，钢结构屋顶有很大的拓展空间，可以做太阳能屋顶、绿色屋顶。基本型是：两层木装修一层白墙，底层框架结构，全部可以打通。建筑前面悬挑，运用小青瓦的屋顶，立面防腐木的材料。一楼自由安排（落地玻璃、保温墙、隔断皆可），二楼局部小阳台。保持建筑的高低错落，前后院落。建筑面积、功能自由选择组合，高度灵活。江南房子要有绿、木头、白墙、小青瓦。屋顶有遮阳的、有绿色攀爬的植物等。希望上海郊区以后的乡村是用绿色建材的，肌理、形态、"形"和"意"都和传统的非常接近，亲水平台、水岸等。

3 结语

通过对江南水乡传统建筑风貌的普查，探索了其独有的空间与建筑特征，重新思考了"新"与"旧"、"形"与"意"、"拆"与"建"的关系，并结合自身实践经历，提出了"保护与更新并重""意蕴与功能并重""塑形与换骨并重""新材与旧料并重""低技与高技并重"的乡建之路。

荆楚派建筑设计与农村风貌

郭和平

中南建筑设计院 副总建筑师
荆楚建筑研究中心 主任

"湖泊水网地区传统村落的创新营建人才培养"系列讲座第四讲
湖北美术学院公共基础课部A12教学楼
2019年5月13日 下午
根据讲课录音整理 整理人：翦哲 刘昀

讲座主题

    分析国内外乡村建筑现状及建筑文化特点，梳理荆楚文化历史发展脉络，陈述荆楚建筑的重要性。由荆楚派研究中心成立的始末，荆楚派建筑研究背景、研究底蕴、研究目标、研究技术路径、研究意义与前景等，到解答"荆楚派建筑课题"访问中的问题，讲述创立"荆楚派建筑"的意义、荆楚派建筑的特色，以及怎样理解"荆楚派建筑"等问题，并对湖北现存传统荆楚建筑的地面考古以及出土的楚国文物做了详细讲解。

1 荆楚派建筑研究的背景

近年来，湖北城乡建设应彰显本地特色和荆楚文化成为中央的明确指示，要"发掘城市文化资源，强化文化传承创新，把城市建设成为历史底蕴厚重、时代特色鲜明的人文魅力空间"。为此，必须"培育和践行社会主义核心价值观"，"促进传统文化与现代文化、本土文化与外来文化交融，形成多元开放的现代城市文化"。同时，2012年11月党的十八大提出新型城镇化建设的目标；2013年7月习近平在鄂视察首次提出"荆楚派建筑"；2013年12月中央新型城镇化工作会议，指出我国的城镇建设要"尊重自然、顺应自然、天人合一"，要建设"传承文化，发展有历史记忆、地域特色、民族特点的美丽城镇"。因此，发展"荆楚派建筑"意义重大。

2 荆楚派研究在文化等方面的研究底蕴

作为荆楚建筑研究文化等各领域方面的代表，中南院长期重视湖北历史建筑的研究和创作，自20世纪50年代起就设计了武汉东湖的"长天楼""行吟阁""屈原纪念馆"等重要建筑。在改革开放初期，又设计了武汉标志性的"黄鹤楼"，并且此类建筑至今保存完好。中南院拥有诸多由"中心"技术人员完成的相关理论成果及设计成果，例如武汉东湖风景区《楚文化游览区规划》及主要景点的设计："楚天台""楚城""楚市"，以及武当山太和楼的总体规划及咸宁玉桂堂的总体规划、楚王宫风景区规划及嘉鱼康养小镇等。

3 荆楚派建筑的研究目标

3.1 传统文化的转化与创新

面对传统文化，要"努力实现传统文化的创造性转化、创新性发展，使之与现实文化相融相通，共同服务以文化人的时代任务"。建筑拥有丰富的文化内涵和文化底蕴，然而当前建筑出现了许多不良倾向，比如盲目抄袭西方及盲目跟风，对于新农村建设非常不利。

3.2 以荆楚建筑为基础，传承发展中华文化

"荆楚建筑研究中心"的工作就是要在系统研究传统荆楚建筑的基础上，传承中华文化的优良基因，探讨当代荆楚建筑的设计方法，带动湖北城乡建设的传承创新，使湖北在中国特色社会主义新时期的建设中走向全国的先进行列，为"美丽中国"增光添彩。

3.3 服务当代，引导未来

当前城乡建设的千篇一律，是"逆文明"的结果。为此，中南院所从事的研究并不是为过去的人服务，

而是为了服务当代，甚至要引导未来。所以荆楚建筑研究及创新的最终目标是紧密贴近社会需求，代表了时代的发展方向。

4　荆楚派建筑研究的技术路径

对于荆楚建筑研究的技术路径，要做到同中求异、追根溯源、构成体系、发扬创新、创造特色。

4.1　同中求异

虽然"唯我独中"的地理位置使得湖北建筑与周边省市逐渐趋同，但在湖北现存的历史建筑中，仍有许多建筑带有楚文化的遗痕，与周边建筑存在差异。湖北地域广袤，省内建筑自身也存在部分差异。整合和凸显差异是我们创造当代荆楚建筑特色的重要途径。

4.2　追根溯源

楚文化"浪漫灵动"和"唯我独中"的地理环境，浪漫灵动的建筑语言，恰如其分的细部处理，形成了湖北建筑的总体风貌，体现了湖北建筑与中华建筑大家庭中其他建筑流派的差异性。

4.3　构成体系

形制上，探讨湖北建筑的历史演变和地区建筑差异性；布局、功能、空间、装饰上，探讨湖北建筑景观的典型风貌；通过图文结合，详细解析荆楚建筑的构成体系和艺术特征。

4.4　发扬创新、创造特色

发扬创新部分，荆楚派建筑的研究宗旨为"理论结合实际、为荆楚建筑的继承与创新服务"。创新途径为"古为今用、洋为中用，百花齐放，推陈出新"。

古为今用是指根据时代的变化、项目的具体条件和需求，灵活把握传承与创新的尺度。洋为中用是指运用先进的设计理念，改进设计手法。百花齐放是指打破"千城一面、万村一形"的局面，突出不同地域、城镇、乡村建筑的个性特色。而推陈出新则是指反对厚古薄今、以古非今，努力实现传统文化的创造性转化和创新性发展。

5　荆楚派建筑研究的意义与前景

建筑不仅是人类生活和工作的场所，更是人类的精神家园和修养身心的基地。修身齐家是发展事业的基础。我省现有农村建筑大多模仿邻省的建筑风格，尤其是对徽派建筑的模仿相当普遍，竞相争奇斗艳而不顾整体美感。模仿和拼凑，是"千城一面"的根源。创立"荆楚派建筑"，就是要继承楚文化的优秀传统，焕发我们创造美的本能，让湖北的城乡建筑风貌呈现自己的特色。

建筑特色在理论上可以分为四个层次来认识，分别是满足时代的功能需求、具有国家和民族的特色、具有地域的特色、具有个性特点。建筑在为人服务、拥有良好的使用功能、先进的设施配备的基础上，还要挖掘民族文化和地域建筑精髓，结合建筑场地的条件、使用者特殊的要求，创造独有的建筑个性。

虽然中国正处于信息化时代下，但依然要固守民族传统。信息全球化并不等于世界将走向相同的文化模式，正是各地区、各民族建筑风格的差异，构成了今天世界的丰富多彩。信息越是发达，人类追求变化、追求个性的欲望就越强烈；科技越是进步，人类创造的能力就越是强大。

"荆楚派建筑"是习近平总书记提出的一个新概念。楚国鼎盛时期的"纪南城"，地处荆州，并以江汉平原为腹地，均在今天的湖北境内，所以后人称为"荆楚"。"荆楚"的概念最早出现于《诗经·商颂·殷武》的"维女荆楚，居国南乡"，楚国最盛时期疆域广大，有东楚、西楚、南楚之分，也就是俗称的"三楚"。两湖地区均属"南楚"。"荆楚建筑"要形成自己的流派，有以下四个条件：要建立荆楚派建筑的理论体系、要有一批荆楚派建筑创作的核心团队和代表人物、要有一系列独具特色的荆楚派建筑作品、要形成荆楚派建筑广泛的社会影响。要将"荆楚建筑""楚建筑""楚风建筑"等零散的概念整合为完整的荆楚派建筑理论。

楚建筑拥有奇幻、精美、流畅、激越、空灵的艺术风格，亲和自然的建筑布局、层台累榭的建筑造型、恢宏自由的建筑组合、注重浪漫的礼仪空间、精细华美的内外装修、绚丽沉静的色彩组合、顺应环境的空间结构、富于诗情的园林景观的美学特色；同样也拥有高台基、深出檐、美山墙、巧构造、精装饰、红黄黑的美学特色。

秦王灭除后对楚国重要建筑的拆毁和掳掠，以楚怀王为首的建筑创作集体的解体，古代建筑的土木结构不耐风化，秦王为防止楚国势力的复燃将楚国分解，使楚地建筑的风格逐渐被周边省份同化，特色逐渐消失。因此，对于荆楚建筑的研究我们要做到捕风捉影，再现楚建筑的精美浪漫之影。目前，荆楚派建筑的"捕风捉影"主要依靠楚建筑的地面考古资料、出土的楚国文物、汉代的画像石和明器、湖北现存的传统建筑和今人对楚文化和楚建筑的研究成果来进行。

6 结语

"荆楚派建筑"是具有湖北特色的现代建筑的总称。它的表现形式主要包括仿古建筑、采用传统符号的现代建筑、具有荆楚神韵的现代建筑。面对"荆楚派建筑"，必须体现其功能的先进性，反对千篇一律，注重整体性，要接地气，要有长远计划，这同时也是荆楚派建筑的研究及建设重点。不仅如此，也要正确理解现存的湖北传统建筑与周边建筑"都差不多"，因为"都差不多"是常态、"同中求异"是要点、"灵动浪漫"是特色、"唯我独中"是境界。"荆楚派建筑"中的庄重与浪漫、恢宏与灵秀、绚丽与沉静、自然与精美是需要去充分理解并有效继承的，这也是"荆楚派建筑"与外省建筑的差异所在，是"荆楚派建筑"的灵魂。

本土建造

何东明

中建三局总院（工程有限设计公司）建筑院方案二所 所长

"湖泊水网地区传统村落创新营建人才培养系列讲座"第二十五讲
湖北美术学院环境艺术设计系A8教学楼
2019年5月23日 下午
根据讲课录音整理 整理人：伍宛汀 张钧

讲座主题

  讲座基于建筑的本体性对本土建造的营造进行阐释，主要围绕材料、结构、工艺建筑三要素，阐述建造是基于场地，是材料的选择和应用技艺与构造原理实践的过程，通俗地讲建造就是盖房子。该讲座对"本土"与"建造"的阐释和理解有助于在传统村落创新营建的过程中找到切合村落具体的建造方式。

1 本土建造中"本土"的含义

本土建造的两个方向：其一是基于客体环境的建造，其二是基于"本土"的建造，即地点性、地方性的建造。

1.1 围绕"本土"的三个话题

关于本土建造的三个话题：一、文化性：建筑与地域的对话，地方的建造本身就具有一定的文化自觉，当地的人具有属于当地的生活范式和形制秩序，会间接地融合于建造中。二、在地性：建筑与特定地点的结合，将隐匿在地点中的潜在精神揭示出来，并使环境中的物体获得确定的关系和意义，即通过建造营造场所。三、本体性：直面建造自身的材料、建构、空间问题。就本土性来说，从本体性、在地性到文化性是微观到宏观的概念范型。

2 本土建造中"建造"的含义

2.1 建构

建构是空间和结构的表达，它体现了结构与理性，表现了材料、构造、工艺，还是一种在力学模型投射下的美学问题。说到建构，要提到著名建筑大师路易斯·康，他在很长一段时间内用砖作为材料进行建造，他在耶鲁大学的课堂上抛出了这样一段与砖的对话：你对一块砖说："你想要什么，砖?"砖对你说："我喜欢一个拱券。"你对砖说："瞧，我也想要一个，但拱券花钱最多，也不好做。我想你可以将就，用混凝土架在开口的上端，效果也一样好呀。"然后砖回答："我想你说得对，但是假若你问我想要什么? 我想要拱啊!"

这段康与砖之间的对话，有很多人觉得不知所云，或者认为他故弄玄虚。但康就喜欢用哲学化的语言来讨论建筑，这段与砖的对话表现出了他对材料特性的尊重，对材料建构的探索。而在他的作品中也可以看到他用砖拱的建构形式去解决建筑的空间跨度问题。在他的作品中就可以看到砖拱的建构形式解决的空间跨度问题，就材料建构而言，建筑学一直在解决一个问题——即"覆盖"问题：从有限的材料去实现更高的跨度，从而获得宽阔的空间。从古至今每一个阶段建筑的提升都是从解决材料的跨度问题开始。

2.2 建造

建造有两个体系：一是古典体系，二是工业化体系。建造的框架是什么：森佩尔在建筑的四个基本要素中提到基座、壁炉、构架和围合。中国传统的建筑的要素是基座、小木作、大木作和维护，基本和这四个要素一一匹配。对于建造其实就是结构加维护体系是最基本的认知框架。

西方现代早期的建造形式和中国的传统建筑的建造方式实际是相同的，建造的基本范型就是结构加围护体系，而结构体系和围护的关系其实就是在解决建造的基本问题。

2.3 "建构"与"建造"之间的关系

"建造"的概念很模糊，经常会抛出什么是"建造"。"什么是结构，建造和结构的关系？"在爱德华·塞克勒（Edward F.Sekler）的论述中就提道：结构通过建造可以实现，并且通过建构获得视觉表现；建造是通过材料基于一定的构造原理的实现过程；结构是建筑物承受重量外力的一种构造体系，它集中体现了一种建筑受力的关系原则；清晰地梳理了结构、建造的关系。

3 "透明性"

3.1 "透明性"的基本认知

透明性是在柯林·罗和斯拉茨基联合写作的《透明性》书中提出的。透明性是与人的视知觉相联系的，透明性诠释了空间的关系，透明性就体现在对暧昧、模糊、渗透、弱的边界性的尝试，其次，在透明性的空间中，人们可以感受到不同位置空间的同时存在。

透明性使得空间从明确的限定中解放出来，并获得了真正意义上的自由与开放。

3.2 "透明性"的两个话题

提到"透明性"有两个基本话题：物理透明性和现象透明性。这两个核心的区别在于物理透明性，有明确的图底关系，有清晰的层次，还有透光性；现象透明性体现了空间层次的模糊和多样性。总而言之，所有暧昧模糊的空间变化都可以称之为透明性，最典型的就是柯布西耶的加歇别墅。通过立面可以看到空间的不同部分的"重叠"和"互成"，建筑如同一个立体主义作品，再把它进一步图解，内部的空间关系从内到外一步一步暗示，内外的关系模糊，呈现了多重的感知维度。

透明性也存在于中国古典园林中，古典园林设计就是通过空间的叠加产生模糊的关系，将空间体验层层展开，这里就存在所谓"透明性"的概念。

3.3 通过几个练习表现从"理论"到"建造"的思考

一、在给定的剖面，研究其透明性，提取透明性素材，将剖面转译成平面图示生成一个完整的空间。各个空间有交结，这个空间又不属于其中一方，其有助于感受空间透明性。

二、通过不同时间、不同角度、不同距离反复地观察场地的环境变化，积累大量的照片，完成空间体验的拼贴，其实也就是完成一个立体主义的作品，在这个画面中提取三面墙之后再形成一个互通的空间，同时在空间内设定一个路径，形成一个行走的体验分析。

这个练习重点讲是墙和景的概念，以及透明性的话题，就是如何从一个图片变成一个房子，将透明性运用到这里面去。

三、解决结构的问题，在上个练习空间的提取后，通过改建去完善结构的体系，形成基本支撑和维护概念，要充分考虑结构和合理的支撑，通过这个练习去熟悉结构。

四、关于维护的问题，用砖石混凝土等材料，结合尺度完成模型，绘制一个展开的轴测图，能够反映光影空间，展现一定的场所性，并将身体尺度植入其中，感受在建造过程中表现人在空间中所产生的关系，此过程有助于了解透明性，材料的情绪形成的空间叙事。

五、梳理构造原理，有助于实践训练，主要内容是构造所要解决三个问题，即材料的选择、连结的逻辑、连结的可靠性。

实践练习由此以上五个方面展开，从理论到具体构造形成完整的概念框架。

4 对于"建筑是什么"的思考

4.1 建筑是一种价值的投射

建筑师的立场集中反映了不同的价值观。路易斯·康、卒姆托、安藤忠雄三位建筑师是殊途同归地反映了存在性的命题；文丘里、扎哈、艾斯曼的建筑则是更关注于语言学体系；柯布西耶、贝聿铭等建筑师则以对普众价值为原则。作为建筑师，应该以什么样的立场去思考和实践？建筑应该是自我价值的批判，不论怎样，建筑首先应该是建造之后才是一些所谓概念性的东西，设计需要回归本源，回归体验，盖房子不需要给建筑附加太多的意义，设计师需要去做建筑最本质的东西。通过马格利特的《这不是一个烟斗》表述了对形式和意义之间的不可靠，实际上在建筑中形式既不追随功能，功能也不追随形式，设计不要被已经存在的概念性物体固化。设计师需要对事物保持一种怀疑的态度，不被现有的视觉表象形式所干扰。

4.2 未建成的房子

近现代许多著名的建筑大师都有许多未建成的作品，体现在不同的年代就有超过这个年代的思考。虽然只是一些纸上的手稿，虽没有落地，但却具有吸引人的闪光点，并引起不同时代对于建筑的诸多思考。

4.3 诗意地栖居

"诗意地栖居"是讲席者一直在追求的一种价值。诗意地栖居在海德格尔论述中即：诗使我们得以定居，通过日常的建造，获得的栖居，获得自我存在，海德格尔通过真实的铸造演变为大地的存在，去理解现实事物的真实本质，本质真实地描述事物原始状态，是永恒的，超越时间的，是诗意的。讲席者基于此思想为基点，找到了做建筑的理由，去寻找自己的一种存在。

4.4 创作过程中"批判"源自四个方向

场所、建构、建造、生活经验构成了讲席者论述的四个批判框架，其中场所是一个赋予特征性的空间；建构则是一个操作性空间生成逻辑，是方法论，就是将所矛盾的事物组织起来，解决问题的方式；其次，建造是材料实践路径，是身体和建筑最直接的关系；最后，生活经验，则是开放性的感知体验，它会融入以上三个命题中。

5 结语

本讲座阐释了对本土建筑的基本认知，以及其中的内涵，通过练习从理论到建造、三维到二维的互动去解释和创作空间的形成，通过将平面转化为立体再将复杂的结构转化为简洁的图示语言，发现建造的规律。

建筑其实是自我存在的一种表达，在建造的过程中同时也是身体和建造的对话，而一个建筑师应该具有生活感，不应过多地赋予建筑强烈的政治色彩和商业色彩。设计的灵感是来自于对场所、建造、建构和自己的生活经验，而未来要以什么样的角度去思考建筑，是一个值得广大建筑师们和相关专业人士研究的问题。

对传统村落创新营建的过程中遇到了建造方面的问题提供了理论解答，并对有构建建筑思想体系提供一种视角，有助于设计师在进行设计时思考自身和目标建筑之间的价值关系。

设计结合自然

李保峰

华中科技大学 教授

"湖泊水网地区传统村落创新营建人才培养系列讲座"第五讲

湖北美术学院环境艺术设计系A8教学楼

2019年5月13日 晚上

根据讲课录音整理　整理人：伍宛汀　张钧

讲座主题

　　以"关注场所，谦和建造"，传统营造模式应顺应环境、因地制宜的设计理念来探讨传统村落创新建设过程中的营造方式，基于几个案例中对于天地人三者构成的人居环境表现，通过谦和地建造，表达了"建筑应该紧密地锚固于其所在的场所"的建造理念，在建造过程中适应当地气候、保留历史记忆，采用当地适宜的建造技术并对场所及材料进行巧妙挖掘等设计原则。

1 "关注场所"

关注场所就是关注环境，在建造前仔细勘察土地，熟悉周边自然环境，是进行设计前重要的准备工作，而现在设计却存在着忽视场所设计的现象，场所设计千篇一律。造成场所设计缺失的原因：

1.1 "现代主义"对于场所设计的忽略

"现代主义"对于场所设计的忽略，造成了诸多负面的影响，现代著名建筑大师密斯·凡德罗的范斯沃斯住宅，虽然建筑设计与自然融为一体，却没有考虑当地易发洪水的气候情况，在春季发水时，建筑的一半被洪水淹没；早期柯布西耶不接受绿化景观对于建筑的作用以及他排斥景观的态度；建筑大师赖特的流水别墅，赖特坚持倚水而建，建筑虽受到外界的高度评价，但建筑存在破坏山地的情况，且区域十分潮湿使得该住宅后被称为"霉居"。

现代主义后期阿尔托的设计开始逐渐接受了植物绿化在建筑中的运用，希望绿化能够融进建筑之中，但是还不成熟。

1.2 学科与学科之间缺少整合

建筑学中存在着忽视建筑与周边自然环境融合的问题，而学科的划分恰恰就是造成现在设计中忽视场所设计的重要原因，在注册建筑师考试中，场所设计是通过率最低的一门，可以见得建筑设计对于场所设计的忽视。即使建筑师具有学科的划分能力，也仍需要整合建筑和环境之间的关系。建筑师设计过程中只做建筑单体的设计是非常偏激的。

2 "谦和建造"——人与自然的和谐

在建造中人类所认为的人定胜天，其实是一种不和谐的自然观，当狗站在台阶上，能够以下肢蜷起来的姿势来适应台阶的高差。而不是在认为山起阻挡时，就将它铲平。人类并不是世界的主宰，人类的能力也非常有限，在大自然这样一个时空格局中，我们应该非常轻柔地接触自然，非常谦和地建造，不要那么狂妄。

书中说道："自然力对于建筑而言是一种藏而不露的力量，若设计师能从地形中发现自然力场的存在，将其作为设计文本，则自然就会成为建筑形态布局的秩序之源，从而培育出既在情理之中，又出乎意料之外的特色人居环境。我们受过的教育常常使得我们更容易看表象，但理解场地可能会在某些方面对我们更有帮助。"

3 "关注场所，谦和建造"的设计理念在实际案例当中的体现

通过"722研究所""大山里的建筑""王屋山世界地质公园博物馆""郑州黄河国家地质公园黄土博物馆""青龙山恐龙蛋遗址博物馆""恩施大峡谷度假酒店"这六项案例表现对于场所空间以及建造的态度，解答了"关注场所，谦和建造"。以理论结合实际的方式阐述了各种不同的场所设计中产生的问题，以及解决此类型问题的方法。

3.1 中船重工722研究所

场地基址有一座南北向的山体，在山体前构筑建筑物。最早的方案将建筑和山体地形结合建筑像是插进山体中，同时解决了建筑朝向和场地通风的问题。中标后，在细化修改的过程中甲方将山体彻底推平了，最后呈现出设计本应该是座山，现在是一条路，其方案的最初概念是体现对场所的认知，但山体被抹平后，失去了设计的初衷，而这类事件在现在这个时代格外普遍，人类在自然面前表现出极大的破坏性，但是我们传统的文化中天地格局、生产格局是非常尊重自然的，建造也采用很谦恭和谐的方式进行。

3.2 大山里的建筑——王屋山世界地质公园博物馆

王屋山项目场地基址地形大致为四个台地，所设计的博物馆恰是分为四个馆，就将大体量建筑打碎，使之成为四个小建筑，每个建筑都是一个场馆，分别将各个场馆放立在四个平台上，这样就基本切合当地的地形变化，不需要太大的改动便实现了地形的统合，同时减少土方量。在场地内存有一棵大树，将建筑后退以保留大树，使得建筑与环境更为融洽。设计中尽量不去改变现场周边的土地和环境，与场地的互动应该是谦和的，以保留场地的植物为目标对设计进行相应调整。

3.3 郑州黄河国家地质公园黄土博物馆

场地位于黄河边上，黄河边的河滩边构筑一个黄土博物馆。设计要点是与黄河景观的保护不冲突。选址附近现有穿过山体并北朝黄河，南北通的窑洞被改造为餐馆，便将窑洞利用起来成为博物馆的一部分，保留了当地原有的资源减少对场地的破坏，在窑洞的南北出口附加建筑，因北面为阴面，即北面建造方式用覆土建筑的形式，使之融入场地中，在场地基址北边有一片小树林，顺其自然地将其保留下来了，增加了建筑周边的植物与自然光之间的光影关系，映射在建筑立面上，赋予建筑一丝活力，使得本来光线较弱的朝北建筑入口提高了亮度。

3.4 青龙山恐龙蛋遗址博物馆

1. 青龙山恐龙蛋遗址博物馆的设计概念

博物馆坐落于湖北和河南交界的湖北郧阳区，场地内发现了大量的恐龙蛋遗迹，为了保护恐龙蛋化石遗

迹群，免遭人为及自然侵害，希望能够建成一个人类探索恐龙繁衍与灭绝的天然基地和科普教育场所。而场地的地形起伏较大、坡度变化不规则、造价又有限的情况，成为改造过程当中几个最为棘手的问题。设计的概念是一定要遵从这个环境来建造了一条栈道，栈道的走向就是根据蛋分布情况来订的，还为数量较多的蛋群设置了观察平台。设计建造完全是遵从地形，不做任何地形的改造，略做形式的调整。

2. 青龙山恐龙蛋遗址博物馆的具体设计方法

在此青龙山恐龙蛋遗址博物馆设计中涉及了一个设计方法的问题："覆盖"—"赋型"—"生成"。面对这类场地因素、原始状况，以及建筑功能相对特殊的情况，运用设计的方法，即受到现象学理论的启发，从最真实的问题去思考解决问题的方法。

考虑到遗址博物馆应当尊重遗址，不改变恐龙蛋遗址最原始的地皮状况，设计以蛋群的分布为前提，博物馆的外部形态和内部展示空间设计与蛋群分布息息相关，通过建筑屋顶的第二层则使用一种很古老的瓷砖，它可以很好地控制室内温度，尤其是在夏天特别炎热的地带。除了采用烟囱形状的灯光外，室内外的墙壁上没有任何装饰，以通过自然光彰显恐龙蛋的美。博物馆的建造提到了一个容错率的问题，当地的施工水平使得必须使用容错率较高的施工建造方式，建造几乎采用了当地所有的材料、设计团队和施工技术。最大化取之当地资源，以对现状产生最小的影响，场地设计秉持对现状最小干预的原则，尊重了场地现状、历史和考古发掘。

3.5 恩施大峡谷度假酒店

恩施土家族苗族自治州位于湖北省西南部，恩施大峡谷是已获批AAAAA景区，常年游客量大，景区内接待设施却严重不足。当地的山体与建筑是附着关系，这是一种传统的溪田宅山的规律。在处理与场地的关系时，以恩施彭家寨为例，寨内的建筑沿着等高线而建，依照了当地地形的自然力场出现了各种的建筑组织形式，这就是一种自然力场，而不同的自然力场就导致了不同建筑形式的出现，其结果也是非常符合逻辑的。凭此酒店建筑群的设计主要沿等高线布置，建筑的形式完全依照地形的变化，再去进行空间细节的变化，同时也产生了一些很自然的有意思的空间，设计采用"减少接地"的半干阑方式，这类的吊脚楼是土家传统民居特色最鲜明的建筑类型。能够在减少土方量的同时创造更多的使用空间，设计中充分利用大峡谷独特的景观资源，"东西向"正是大峡谷的魅力所在：日出时形如流光溢彩的金屏画轴，日落时青色的山顶透出白亮日芒。使得几乎所有客房及公共空间都可以面对大峡谷，不仅实现了景观特色最大化，还大大节省了工程造价。在设计过程中，被要求在当地设计一个具有演出功能的舞台小剧场，选择了有梯田的地方，依山就势设计了观众席，用非常少的土方量完成了这个设计。

3.6 第十届中国国际园博园长江文明馆

场地对面原是武汉老旧的垃圾场，这个废弃的垃圾场严重影响了周围环境，设计决定用垃圾处理的办法改造成一个公园，用作园博园的展区，用景观的办法去解决城市问题，长江文明馆的设计基本符合了场地的基本肌理和秩序，运用建筑形式和空间组合都尽可能与环境结合，使得即使是体量大的建筑物也能够谦虚地融入环境，建筑同时也运用了一些生态的材料。

4　结语

围绕案例表达了"关注场所，谦和建造"，传统营造模式应顺应环境、因地制宜的设计理念来探讨传统村落创新建设过程中的营造方式，在自然这样一个巨大的时空格局中，应该非常轻柔地接触自然，非常谦和地建造，而放入传统村落营建中，同样要以最轻柔的方式来接触乡土，在此基础上做"既在情理之中，又出乎意料之外"的设计。

乡村建设实践

周彤

湖北美术学院环境艺术设计系 教授

"湖泊水网地区传统村落创新营建人才培养系列讲座"第二十九讲
湖北美术学院环境艺术设计系A8教学楼
2019年5月25日 上午

讲座主题

乡村建筑构成了乡村聚落的基本空间单位，是乡村生活的物质载体，随着乡村社会变迁，传统乡村风貌正在逐渐消失。

通过对乡村建造实践的探索，探索"风土"在乡村建造实践中的实现路径，并对"风土"语境下的建造就其实践与理论进行对照，总结现代乡村建筑建设需要重视的问题，寻找出问题存在的根源，以期为当代"风土"乡村建筑更新提供实施策略与途径。

1 引言

自"美丽乡村"政策的提出，到实施乡村振兴战略以来，"乡建热"逐渐升温，乡村营建必然也会加快自身的更新步伐，从物质、精神两个方面整体地去适应未来的变化。

迥异的乡村自然、人文环境，面临的问题也千差万别，因此在乡村营建中，"批判性地域主义""在地""风土建筑"等观念频被提及。相较于传统的地域主义，"批判性地域主义"更强调对相关联的自然环境特征的关注和回应，关注人对环境的完整体验与认知；"在地"的含义更为复杂，从建筑本体角度，"在地"是结合了批判性地域主义等思想的一种设计手法，关注建筑与当地环境的契合、建筑营造的全过程以及当地人的使用和反馈；"风土建筑"在历代风土记载及相关历史地理类著作中均有大量记述，它不但是一个地方过往的空间记忆，也含有这个地方建筑演进的文化"基因"。在我国乡村营建及转型发展的浪潮中，探索地域风土的保持和演进，也应是未来践行建筑本土化的重要途径。

本文将通过在湖北省域的湖泊水网地区的乡村营建，从风土观察到落地实践的过程进行总结，以此反思设计师进入乡村实践的现实意义，以及设计学突破传统专业语境、重新定位的可能性。

2 风土观察与乡村建筑

2.1 何为风土

风土最早的直意为：以风吹土，使其中的气脉得以顺利播散。是古代巫术活动的组成部分。各个时期编著的《风土记》中，"风土"被用来形容一个区域地方特有的自然地理、民风民俗等事物的总和，且不同地域的风土表明了由地方差异而产生的民俗差异。

"风土建筑"常被对应为"Vernacular Architecture"，Vernacular表达得更多为普通的、白话的含义。使用该词隐喻风土建筑是对应于风雅建筑而言。从词意来源来看"Terroir"一词更为接近农业中对风土的认识。其释义可以追溯到古代的拉丁文"Territorium"，代表着环绕集镇的土地，它是属地、辖区或领地的象征，秉承社交空间（城镇、街区等）结构兼具土地农耕的角色。古代作家既有关注其在农业语境中的含义，也有人注重其社会空间属性。从地方农业的角度来看"Terroir"是一个分布在空间和时间上的实体，由实际因素（土壤、天气、物种等）和抽象因素（历史、文化、传统、声誉等）组成。从构成关系来看，风土的要素组成不能以简单的因果而论。形容"Terroir"最佳的构想是一个双螺旋结构；千丝万缕汇成一股，却又相互作用。每一方面都是最终结果的必然因素。对"Terroir"一词的认识和解读，说明"风土"是针对农业且涵盖了时间、空间和多项要素的非线性概念。

总体而言，风土是以地方气候地理地貌为基础，发展出的一套涵盖自然、人文、社会的体系。

2.2 风土观察与乡村建筑

对于乡村而言，风土包含三个特征：1. 风土指向明确的区域范围，且更倾向于农业相关地区。"风土"用来形容涵盖地方特征的建成现象，也就是常说的风土聚落或风土建筑。不论是从风土的字面释义，或是"Terroir"的对农业要素的理解都指明了风土常指乡村地区；2. 风土涵盖地方的习俗和文化。风土包括的人文因素如历史、社会、生活、宗教、科学、艺术等。这使得风土能够对乡村建造中的行为做出判断；3. 风土重视环境的变化。当今风土学视野从地理决定论转至对其二重性（"地理"与"历史"）的重视也说明了风土对于环境变化的关注。

引入"风土观察"这一概念，即是运用风土的特质从微观视野上建立对乡村建造样态判断的框架，从此做出分析总结，加深对国内现代乡村的认识，更好地指导实践。

对于中国当代乡村而言，2000年后的乡村社会变迁，打破了原有的"传统"环境，使得"风土建筑"一词难以涵盖和形容现代乡村中产生的建筑现象。因此本文以"乡村建筑"一词表示那些没有建筑师介入的，2000年后产生在乡村的建筑，用于区别传统的"乡土建筑"。

3 "风土"在乡村建设实践中的实现路径

研究以湖北鄂州梁子湖区实践基地的乡村建造实践为蓝本，从探讨"风土"性乡村建设的五个路径出发，对乡村建造的建造环境、技术特质、组织形式、忙闲周期和精神需求五个方面展开实践性分析。

3.1 建造环境

乡村中的建造活动，离不开其所存在的物质载体，即其客观条件。吕西安·费弗尔（Lucien Febvre）认为气候—植物带直接为人类提供了必要的食物和居住原料。气候—植物带能够直接反馈地区建筑在排水、隔热和取材中的选择中。在区划研究中，采用"大区—区—亚区"的三级划分法，将国内聚落景观划分为3个大区、14个景观区和76个景观亚区。有助于我们从宏观层面对村落建筑的客观属性划定范围。

现代乡村中，气候依然影响着建筑的朝向和排水方式。随着建筑材料发生了改变，以往被动地取自土壤的自然材料，均被混凝土便利坚固的特质所取代。有学者在长江流域及其周边农村自建房建设及其使用情况的调查中，证实了砖混结构的出现，不同程度地影响着居民对于顶层空间的利用和认识，多数地区屋顶形式有着"坡改平"的趋势，用以扩大日常的使用面积，同时节约改扩建的成本。

生产生活方式结合建造材料的变化，极大程度地影响了其使用建筑时对气候环境的适应方式。与其说混凝土破坏了乡村建筑的面貌，毋宁说是现代乡村居民的主动性在与客观环境的较量中占据了上风。

3.2 建造的技术特质

从有学者对常熟和武隆地区民居气候调节方式的测算和访谈反馈中，验证了传统民居在夏季有着更好的气候调节机制，但对冬天的保温效果并不理想；对鄂东南传统民居中天井院采光机制的研究，表明了该天井采光模式在夏季有过多光照，冬季缺乏日照，离目前住宅日照要求的国家标准相去甚远。证实了传统民居中的格局与建造技术其实是对气候环境的被动适应。

当今的乡村建造技术有两个方向上的探索。其一是村民依赖于自身的经验，逐步接受新的建筑材料。在20世纪七八十年代，砖瓦场开始兴起，许多乡村开始使用当地生产的红砖，辅以木材作为屋顶的铺架材料进行建造，由两侧山墙直接承重，多为坡屋顶的平房。九十年代，预制板技术出现，由于其经济且易组合的特性，在乡村中得到广泛的使用，致使砖混结构开始在乡村流行，住宅开门与开窗的方式得到一定程度的解放，这一时期多为两层的坡屋顶住宅。2000年后，现浇技术成熟，原本的预制板住宅，暴露出了其在结构稳定性上的劣势，逐渐被现浇技术取代，构造柱与圈梁技术开始普及。这种方式足以应对六层以内的住宅建设，层数的限制逐步被打破。这代表着乡村建造活动从原本地域材料的限制中得到了解放，有足够的技术条件支持建筑多形式发展，越来越多的乡村居民发挥着自己的主观作用。

其二是许多专家学者在乡村实践中，有见地地通过回溯乡土材料，或者引用新型建筑材料。如浙江安吉的生土实验，通过寻回传统材质与自然气候协调的方式，探索生土材料重回乡村的可行性。谢英俊的"永续建筑，协力造屋"，运用轻钢体系，具备易拼接的构造节点，组织乡村居民共同参与房屋建造，为乡村建筑提出了新的结构形式与住宅搭建模式的启示。但这些实践目前大多适用于贫困或者特殊的受灾地区。普通乡村的建筑从业人员虽不断增多，但掌握传统技艺的匠人逐渐减少，新增的从业人员主要掌握现代砖混技术的操作，由于水平限制，对专业图纸认识有待加强。且一直缺少类似设计师的角色为其建造统筹规划，多数建造依靠户主和工人的经验把握。同时随着我国人工成本的上涨，耗时较长的传统技艺在乡村也难得到普及，这使得新技术的推广受到一定阻碍，这些技术是否能够被普通乡村地区的居民广泛接受，有待进一步的观察。

3.3 组织形式

"所谓自组织系统即指无需外界特定指令而能自行组织、自行创生、自行演化，能够自主地从无序走向有序，形成有结构的系统。"乡村人居环境的形成，有着自下而上的特征，其发展过程是一个自组织演化的过程，满足自组织产生的四个条件即人居环境系统的开放性、非线性、非稳定性、持续涨落性。

自组织特征直接反映在乡村民居的自发性建造当中。为改善自身生存环境，由使用者参与房屋建造，通常以家庭为决策单元不受外界特定指令控制，自主决策房屋的选址、形式、投资的行为或结果。这种乡村特有的组织形式，其实施的开放性，能够容纳新的形态、功能和参与者等，有着高度的灵活性和适应性。但在现代乡村的建设中，自发性建造的演进过程在以快速建造为主基调的社会背景下表现出一定的滞后性，原本需要在系统内部长期试错、修复以达到稳定的过程，被2000年后的乡村社会变迁所影响，这使得乡村建筑完全依赖于自发性建造将会走向无序状态。

现代乡村的设计活动，本质上是一种他组织行为，通过自上而下的规划，在专业人士的指引下，为乡村寻找更为广阔的发展前景，分步骤地为乡村带来变化。自组织力与他组织力相一致时，会促进村庄的发展；两者背离时，则会阻碍其发展甚是使其败落；两者处于耦合状态时，则能通过调整规划方案等手段促进村庄逐步发展。近年来，诸多的实践在乡村落成，但由于开发力度不一，有些案例带来了长足的经济效益，却没有为当地村民的实际建造活动带来裨益。许多村落规划过分重视村落面貌的整治，而使乡村本土的建造自主性受到破坏。同时，自组织的乡建活动由于自身的技术、成本等问题，建筑倒塌伤人事件也频发。可见乡村建造行为中自组织与他组织的调和，在当下乡村建设的语境中愈发重要。

3.4 忙闲周期

新时期下的农户生活成本增加，生活资料无法自给自足，多数农户愿意流转土地。土地流转整体上提升了乡村居民的平均收入，降低了其在种植上的收益。社会学学者通过各地的走访，认识到现代乡村居民从以往的小农经济转向了"以代际分工为基础半工半耕"家计模式。土地流转后，老人和在乡村中的"中坚农民"成为常住的人口。多数老人经营着小范围的庭院经济，同时宅基地经济与庭院经济作为乡村居民的隐形收入，大概可以为农户节约3000元左右的生活成本。

家计模式的改变，使得原本的忙闲周期发生了改变。中坚农民依靠着流转在手中的土地创收，引入现代农业技术，使得农忙的周期大大缩短。年迈的老人，转出土地后，经营适量的庭院经济，可较为灵活地安排种植周期。中青年一代外出务工，多集中于春假时期返乡，其次则是寒暑假时节。

在对农村自建房研究调查的样本中，自建房首层厅堂铺地选材频率最高的为水泥地面，首层家具摆放多以桌凳为主，功能上较为多用，二层以上空间则更注重卫生，摆放西式家具，且多作为预留空间供子女日后居住或者装修。可见居民对于自建房的空间，依照了不同的家庭成员结构进行安排，这形成了乡村居民的"厅堂观念"，反映在其对自建房竖向的空间划分上。

忙闲周期从原本依照气候和农业生产的固定模式，转向现代乡村多从业状态的不确定，使得乡村自建房的空间组合发生了变化。目前农户建房时考虑了更多的未来的使用可能，但往往缺乏规划，多是粗放地预留空间，许多住宅内部的空间废置，得不到良好的利用。

3.5 现代乡村的精神需求

"趋同"和"异化"成为当代乡村建设的两类误区，致使传统乡村风貌逐渐消失，也远离了乡村应有的质朴特征。事实上这种现象的出现，一方面由社会变迁、人口流动，以及信息化的发展加速了地域间的"趋同"；另一方面经济的增长刺激了精神需求与消费，刻意而张扬地追求，制造着"异化"的结果。

当下，"半耕半工"的家计模式，使乡村部分劳动力走出了原本闭塞的环境，更多地接触到了快速发展的城市。而在现代，自发性建造的开放性使得乡村居民扩大了学习和模仿的样本，增加了选择余地，加之建造技术的发展，使居民有条件按照意愿翻建自宅。然而多数乡村住宅的建造发起者，长期工作生活于城市，对于建筑装饰的选择上，倾向于对外来式样的模仿。选择的装饰，表现得是对某种理想生活的向往，也许是出于宗教崇拜，也许是对某种文化的认同，又或许仅仅是不希望在这场"住宅竞赛"中处于下风。有太多的建造细节，证明了乡村民居在建造环节中平衡经济和实用性所动的脑筋。新的建筑之所以失去"品味"，原因可能就在于他们没有在传统的形式框架外进行选择的能力。

4　结语

地理学在描述农村聚居系统地域分布规律具有学科优势，社会学、行为学与经济学等学科在解释其发生、发展机制上更具优势。乡村的社会变迁，使得农业家庭的经济构成产生变化，农户的认知和观念转变，进而催使新的建造方式普及。乡村建筑功能已随着居民需求而发生转变，不同于乡土建筑的功能和形体与其农业生产的所需相结合，而现代乡村居民的劳作周期与居住人群不同以往，建造行为越来越少地受制于自然条件、新的材料和结构形式，这为居民的自发性建造带来更多可能。以往乡村建筑的地域性特征正逐渐瓦解，许多乡村实践仍然只关注乡土的材料或形式特征，可原本被动适于乡土建筑的居民，作为乡村人居环境的核心，并不会因所谓的乡土地域性而放弃现实生活的目标。

在不同语境下，乡村建造除了本体层面的空间操作不一之外，还在经济、社会、文化层面有着不同的意义。决策者和设计者若是仅从对乡村形式的片面理解出发改造乡村，将脱离历史与环境。这就需要我们重视乡村风土的"历史性"与"风土性"，适当地引导居民自身对生活环境做出提升变化，平衡他组织力与自组织力。不同的乡村营造项目，可能会倾向于经济适用价值的考量，可能会希望通过公共空间的营造来改善社区环境，也可能会偏向于用建筑反映当地的文化传统等。设计师在关注建筑本体的空间、形式、建构等的同时，也需尝试突破传统的专业视角，立足于乡村具体环境，在营造的各阶段不能脱离当地实际情况，从主导者转变为引导者，积极融入营造的全过程，引导公众共同参与。这样的乡村建设实践，拓展了设计学的边界，使乡村建造能够与经济、社会、文化、生活紧密结合，也为当今的乡村聚落提供了一种新的可能性。

湖北仙岛湖风景区传统村落调查与旅游价值思考

尹传垠

湖北美术学院环境艺术设计系 教授

"湖泊水网地区传统村落创新营建人才培养系列讲座"第十二讲
湖北美术学院环境艺术设计系A8教学楼
2019年5月17日 上午

讲座主题

　　传统村落和古民居建筑是乡村文化的灵魂，保护和开发景区内的文化遗产，是实现"美丽中国，美丽乡村"愿景和落实"全面小康，精准扶贫"战略的重要抓手。仙岛湖风景区位于湖北省黄石市阳新县王英镇，是国家AAAA级风景区，与杭州千岛湖、加拿大千岛湖并称"世界三大千岛湖"。这里山水秀丽，人文丰富，当地居民多为元末明初的江西移民后裔，其村落文化和民居建筑具有明显的赣文化特征，不少建筑具有很高的美学特征和文化价值。仙岛湖景区内几十个明清传统村落如"落雨飘带"般散落在山水田园之间，它们是仙岛湖的文脉来源，精神所在，是仙岛湖旅游发展和居民生活提升的希望。但经过笔者的深入调查，发现仙岛湖风景区的传统村落发展存在不容忽视的问题。本文经过对仙岛湖风景区传统村落调查与旅游价值的研究，提出四点建议，为仙岛湖风景区传统村落的保护与景区发展提供参考。

1 传统村落保护与旅游开发的几种模式概述

古村落和古民居是乡村文化的灵魂，目前在学界已形成了共识，不少文化界和建筑界的专家已开始研究保护和开发的理论和方法，取得了不少成果。其中，江西婺源古村、云南腾冲和顺古镇、广西阳朔的"云庐"和浙江王澍的"留住乡愁"行动成为典范。

1.1 江西婺源古村

婺源地处赣东北，与皖南、浙西毗邻，已被国内外誉为"中国最美丽的乡村"。婺源古村落的建筑，是当今中国古建筑保存最多、最完好的地方之一。全县至今仍完好地保存着明清时代的古祠堂113座、古府第28栋、古民宅36幢和古桥187座。2012年7月，《婺源县古建筑古村落保护暂行办法》正式实施，明确规定，不允许村民私自将古民居卖到村外，并提出一系列措施保留住和保护好古建筑和古村落，主要由政府集中保护和商业开发性保护。旅游业主集中承租了大量古建筑，对他们进行修缮维护，作为旅游产业来营业，使其社会效益和经济效益达到了有机统一。婺源县篁岭景区的古建筑采取集中保护和易地搬迁保护相结合的保护方式。

1.2 云南腾冲和顺古镇

600多年来，中原文化、西洋文化、南诏文化、边地文化在和顺古镇交融碰撞，形成了独特的侨乡文化和马帮文化，使这里成为云南省四个典型的生态文化村之一。由于明代朱元璋的屯边制度，和顺有许多从中原和江南地区迁来的移民，因此，既有大量中原民居建筑，也有不少徽派建筑，后来受外来文化浸染，和顺的建筑多为中西合璧，风格有南亚的、东南亚的，宅院里还有不少西洋的工艺品。各种建筑风格在这个清秀的西南边陲水乳交融，和谐并存。这里的传统民居多达1000多座，其中清代民居有100多幢，被誉为中国古代建筑的活化石，其建筑风格有"三坊一照壁""四合院""四合五天井"等，在这里可以领略到徽派建筑粉墙黛瓦的神韵，也可以寻觅到西方建筑的元素。尤其是老宅的门窗木雕，各种雕刻造型栩栩如生。

2010年6月，《云南省和顺古镇保护条例》颁布实施，加强对古镇的保护和管理，对旅游性开发与古建保护做了详细的规定和引导。

1.3 浙江王澍的"留住乡愁"

2014年6月，由浙江省住建厅牵头，联合中国美院建筑学院和杭州市富阳区政府在富阳洞桥镇试点美丽宜居村庄建设。此次试点范围由1个行政村和4个小自然村组成，分别为贤德中心村和大溪村、文村等4个自然村，由中国美术学院王澍教授主持规划设计，其中，文村作为先行启动区。

该地区建筑为明清和民国时期民居，许多老百姓还居住其中。为了提升古村落的旅游价值又不损坏乡村的文化肌理，主要保护和开发方式为政府支持、设计主导和村民参与"三位一体"的模式，来达到"留住乡愁"效果。

1.4 阳朔县杨家村"云庐"

"云庐"位于从广西桂林与阳朔之间,是一间精品生态酒店。基地是当地一个自然村中几户人家的多栋农宅。酒店的业主是几个有情怀的设计师,他们一次性付十年租金,获得农宅十年使用权并进行改造,逐步梳理宅与宅之间的空间,并将一栋老宅拆除、扩建为餐厅和客人可聚集的场所。贫困地区最常见的泥砖房,虽说久经岁月的风雨而显得破旧,却在设计师与建筑团队的巧手下变成了平整简约且略显风韵的雅房,惊艳出世。酒店保留了原建筑的木结构、黄土墙、坡屋面和顶上透光的亮瓦,加入了低调简约且符合当代生活品质的元素,让老式夯土建筑在这个小山村里与自然共生。目前,这家酒店成了网红精品酒店,售价达到五星级的标准,依然供不应求。

1.5 仙岛湖风景区传统村落的调查

2015年8月,因教育部社科基金项目"特高压电网景观艺术研究"课题需要,笔者在湖北阳新仙岛湖风景区进行调研。调查时发现,一座近300年历史的村庄——高家山村的所有老房子在一夜之间被推土机夷为平地。高家山村是"下门尹"较大的村庄,其中居住的50多户居民均为尹氏,曾经的村庄中经常传出楚戏的悠扬声音,十分热闹。而如今,在村庄原址上将建立一片"新农村"示范点,一切过往的记忆,均云消雾散。

仙岛湖风景区所在的湖北阳新县自公元前201年建立,已有2200余年历史,是鄂东南最古老的县城。阳新具有典型的移民文化,大多数居民均知道自己为江西移民,乡土村落基本保持着一村一姓、聚族而居的形态。当地建筑多为明清和民国时期所建造,均承赣派建筑之风骨,又不失自己的个性,在湖北民间建筑中具有一定的地位。由于受到赣派建筑风格的影响,村民多聚族而居,以祠堂为中心,左右延伸,厅堂相连,巷道相同,又各自为户,其建筑风格和雕刻艺术可谓独树一帜,堪称鄂东南古民居建筑的典范。

目前,在景区内仍保存下来几十处明清时期古村落,由于多种原因,只有其中一处由于入选第三批"中国传统村落名录"保存情况较好外,其余传统村落损坏现象严重。笔者对仙岛湖风景区村落进行了历时两年的田野调查,通过人物访谈记录和现场拍摄图片、村落及民居测绘以及族谱查阅等方式,了解并记录了仙岛湖传统村落的现状情况,发现存在几个问题:第一,仙岛湖虽然自然风光旖旎,人文古迹众多,生态野趣横生,旅游资源丰富,但景区内的传统村落,近几年来由于景区项目建设和"新农村建设",自然损毁和人为拆除现象比较严重。特别是当前的"新农村建设",客观上鼓励村民"拆古村,建新村",其中好几处明清村落建筑被整体夷为平地,令人扼腕。第二,仙岛湖旅游开发主要以风景游、风光游和农家乐为主,许多景点基本是以"克隆""山寨"产品为主。第三,当地管理部门对传统村落的历史和现状缺乏深入调研,对其文化旅游价值缺乏思考和认识,许多工程急功近利,缺乏文化内涵和地方特色。以下是六个有代表性的村落的调查情况:

1."清白家声"——杨家村

杨家村隶属于丰泉村，位于仙岛湖湖区北岸，距离王英镇约1千米。村落形成至今约有494年的历史，村内均为杨姓居民。"清白家声"四个大字题写在杨家村祖堂正门门额之上，明示了杨氏一族的处世之道，也是警示后人的金玉良言。杨家村均为杨姓居民，同时也是笔者外婆家，这里留下了许多儿时的美好回忆。村中央的正屋比较气派，重檐式八字门楼，"清白家声"的门匾彰显家族历史的辉煌，主体结构保存较好，村前曾有一片古樟树林，十年前被无端砍掉，非常可惜。

杨家村迁始祖闻达公生殁已不可考，谱中记载了他于嘉靖年间稷回兴国福庆里，复迁永福里承买倪姓塘池田园基址山场，地名杨柳塘筑宅居焉，立户鹤坪民籍的事实。杨家村是公元1522年以后由闻达公迁入，具体迁入原因已不可考，此后一直在此地繁衍生息，闻达公墓目前紧邻村中祖堂东侧。

杨家村村民目前有48户，共计256人。在调查过程中，村中居民对于外来的调查人员没有任何排斥反应，并且热情邀请进入到家里做客，并对调查和测量这些"老物件"感到新奇和有趣。村中杨昆干、杨晁远老人对于我们做的调查工作一直都积极参与，年近

古稀的两位老人对于村中年久失修的祖屋甚为遗憾。据调查过程中的一份问卷显示，村民对于当前村中传统房屋的现状在不同程度上都表示出不满和担忧，这种态度主要是针对传统房屋的居住现状，但是对于这些传统建筑的历史价值以及进一步旅游价值的开发则从未考虑。搬出家中老屋，住进现代的新式楼房，可以说是村中所有人的最大心愿。在村中建成一栋二层私宅需要花费20多万，基于村中并无任何除务农之外的产业，外出务工就成了村中年轻人唯一的选择，在调查期间，杨家村在村人口不超过100人，其中近半数以上是40岁以上中老年人，村民的主要收入来自家庭外出务工人员，这种现象也是当前仙岛湖地区大部分村落的共同情况。

2."舜宗肇祥"——高山村

高山村位于仙岛湖北侧，临湖背山，地势自南向北递增。对比仙岛湖地区传统村落的山水格局，高山村

地形、植被、水体的体量及形态都有较大差别，其土地开发程度较强，在原始居住用地、耕地基础之上，山林后退，植被覆盖率降低，农田、入户道路、荒地等人为地形和空间逐渐增多，居住区域地形经过平整，原本缓坡地形出现接近垂直人工断面，地形高差最高达到3米。

在村委会办公室我们了解到，当前高山村正在围绕仙岛湖景区发展逐步开展相关产业和项目。在王英镇高山村"6+1"精准扶贫到村项目实施计划表中，规划项目包括种植业、村（组）路、入户路、灌溉渠道、自然村生产用电输变电线路和设施、学生校区校舍、标准化卫生室等项目。高山村的规划建设项目共计三项，项目内容包括采摘园、油茶、楠竹、吊瓜种植、入户公路建设以及灌溉设施建设，计划投入资金724万元，覆盖户数245户，959人。截至本次调查工作结束，高山村一项易地扶贫移民避险搬迁项目正在施工中，

该项目落户高山村，项目规划用地面积21694.93平方米，规划有住宅建筑、商业建筑和社会服务用房，将安置拆迁户74户，居住人数328人。根据《阳新县2016—2017年易地扶贫搬迁实施方案》部署，阳新县16个镇区共确定85个集中安置点，计划集中安置1320户，分散安置2034户，而高山村已开展场地平整工作。

一次对高山村的无意探访，对关于此次调查项目的选题具有重大影响。本人出生在仙岛湖的老屋垄村，小时候在此上学和生活，对湖区内许多村落有着深刻的记忆。在一次回家探亲的过程中，无意发现高山村正在大规模"消灭土坯房"，为落实上文中提到的《阳新县2016—2017年易地扶贫搬迁实施方案》，在政府财政补贴的情况下，高山村成为此项政府改善仙岛湖地区村民居住环境举措的示范村落。在执行过程中，"拆旧建新"让很多在我们调查期间还能看到的传统民居一夜间完全消失。高山村的急速变化模式将成为仙岛湖区域未来大部分村镇规划和发展借鉴模仿对象，由此，高山村也成了此次关于仙岛湖传统村落调查的一个典型代表，从文化保护和传承的角度看，可以说是一个反面典型。

3."义门第"——铜湾陈村

据文献记载，义门陈氏即江右陈氏，是发源于江西德安县的一个江右民系家族。公元832年，江右陈氏的祖先陈旺因为当官而在德安县太平乡常乐里置业，到唐朝中和四年已经是数代同居五十多年，唐僖宗御笔亲赠"义门陈氏"匾额，此后义门陈多次受到皇族表彰，闻名遐迩。宋嘉祐七年，出于抑制"义门陈"和封建统治的考虑，宋仁宗下旨让义门陈分庄天下。最后，义门陈氏分为天下291庄，遍布全国（资料援引于

《义门陈文史考》)。创造了3900余口、历15代、330年聚族而居、同炊同食、和谐共处不分家的世界家族史奇观,后因政治原因,分列344个庄(344个庄:其中43个官庄)。铜湾陈一支属果实庄,果实庄始迁祖为思澄、思洪二公,始迁地为湖北阳新洋港镇。

1971年,铜湾陈村从通山县规划于现在阳新县王英镇,位于水库西北角。铜弯陈村与徐子学村相邻,是此次调查样本中最靠近通山县的村落之一。从整体发展来看,铜弯陈村交通条件落后,对外交流闭塞,村落发展落后于仙岛湖地区整体水平,经济水平较差,村中年轻人大都外出打工,老人与小孩留守在村中。落后的经济状况,从一定程度上延缓了村落的整体变化和更新。铜弯陈村民居是此次调查区域内唯一被评定为省级文保单位的村落,村落布局、空间环境和民居建筑虽然经过岁月的洗礼,不复初始使用价值和精致辉煌,但有益于此次调查的历史价值和传统文化认证过程,是所有调查样本中保存最为完整的村落之一。

铜弯陈村处在一处狭长山坳之中,山体、农田、溪流、泉眼、水塔、桥等要素共同组成了铜弯陈村的聚落景观,上述景观要素相互之间联系紧密,互相作用。村落三面环山,整体地势南高北低。村落环抱于山水之中,从村落南侧至东侧,山体分别名为东旁山、七古山、长薄山、窖山。铜弯陈村出入口具有明显标示性,在一处三岔路口的交互处,正对进村方向有几棵几十年的老树。在供应自来水之前,来自山上的泉水是村中主要的饮用和灌溉用水,在村落东南侧山上有一处泉眼,从村落边缘可遥望见泉眼中喷涌出来的水柱,该处泉眼是铜弯陈村及周边村落最为重要的水源地。在一次雨后的田野调查中,沿着水流声一路步入铜弯陈村,村落基本处在两处人工水渠之间,山水环绕,流水声不绝于耳,静谧的山村显现出了生机勃勃的一面。

2008年3月铜湾陈村传统民居被评定为第五批湖北省文物保护单位,此类民居共计7处,从保护现状来看,"挂牌"民居现状保存较好,上述评定结果对其具有一定的保护意义和作用。但从与村民的访谈情况来看,村民对于改善生活、居住环境质量的需求和日渐破败的建筑之间的矛盾日渐突出,在被"挂牌"之后的民居建筑的保护职责实际仍是落在了并不富裕的村民肩上，到目前为止，并没有任何针对村中传统建筑与文化保护的政府拨款，而传统建筑技术、材料缺失和村民经济能力都决定了依靠村民自身并不能承担保存、修复的责任，建立更为长效和合理的保护机制对于铜湾陈村的传统民居保护现状来说刻不容缓。综合我们多次调研和访谈情况，铜湾陈村具有较高保护建设和开发价值，可以作为打造仙岛湖地区文化乡村旅游品牌的先行村落。

4. 徐子学村

　　徐子学村地处仙岛湖西北方位，隶属于隧洞村，村内均为徐姓居民。村子背山面水，整体地势北低南高，据村民介绍，这里风水极好，外面刮大风这里依然"风平浪静"，四周环绕的山林成为村落最天然的屏障。村落位于王英水库库区尾，通三溪河、阳武干渠，徐子学村最低海拔为76.9米，最高海拔为192.9米，但相较于库区其他地方，整体地势低洼，在梅雨季节，集中性的暴雨易给这个地方带来较深积水。整个村落地势从村口处向内逐步升高，但行走其间感觉相对平缓，无明显高差。村口的"茧形塘"（池塘形状是上下两头窄，中间部分略宽）和祠堂左侧的较小矩形水口是村中两个明显的储水区，它们之间通过不同尺度的水渠连通。水田、道路基本沿水系分布，特别是在两个水口处分布了较为集中的农田"树大开杈，人大分家"，由于居住村落人多地少，建贵公于300多年前，自富水水库磁口西垅林经过东源搬迁至此，繁衍生息。徐子学村的形成和范围，据族谱中"徐家坊庄建贵公派下北山图说"记载："杨花垅垅口左手，从艾姓屋后背山石碑杉树为界，上到立顶，下到大水沟，从正垅直到外秀。论运洪六升田塝，上大窝里立以分水为界止，立里山为艾山，艾山到徐山窝外，立分水为界，以里属徐人山包托，蛇尾巴上至立顶下至窝地里田

腾，至张人山窝为界。杨花垅进垅右手，有旗山一座，东至保境庙，上首有老杉树为界，里属艾山，艾山直至徐人第二个长八升墈，上艾竹窝里田，有杉树为据里，立徐人山从艾人山接着，上至立顶，下至田和垅沟，斜坵老鼠嘴，六竹窝直至运针里秀，论下八升田角，上止有杉树为界里，山属艾人。杨花垅高斗窝，从过沟外，立属里秀，论从世财田墈，上起直至裤裆坵，张人竹窝，有杉树为界，向北边止，仙人脑向南面直至里立分水为界。文秀垅进垅，左手从艾姓小窝地里墈起，上至立顶，下至大路为界，共计有大小竹窝四处，立五处，到老地名。大窝以里，立分水为界，里嘴止，艾山进垅，右手从外中嘴，艾人坟冢，上立大路以路分水为界，直到剥牛窝，一个圈转到里中嘴还有，徐姓几冢坟为据。"

5. "槐荫门第"——王文村

阳新县王文村位于仙岛湖的东南部，东经114°、北纬30°，距离王英镇约12千米。由北向南纵观整个村落的地势是阶梯式上升，最低海拔为141.7米，最高海拔为158.7米。东西横距520米，南北纵距230米。王文村王氏也属于这类姓氏中的其中一个大家族，祖上曾经是名门望族，追溯其历史，据《宋史·王旦传》载："五代末年，王手植三槐于庭曰，'吾之后世必有三公者，此其所以志也'。"后王次子王旦果然官至宰相，位居三公之首，且子孙繁衍，显赫光荣，成为宋代一大贵族。王姓后人因此以"三槐"作为姓氏代称，

并以"三槐堂"为堂号，有"永乐三槐""荫托三槐""槐荫世家""槐荫长春""槐荫楼台""三槐门第"等王姓门匾。这个王姓村落属于山西太原三槐世系，三槐王氏是当今王氏中最大的一支，枝繁叶茂，子孙散布于海内外。据族谱记载，王文村有400多年的发展历史，其中不乏一些人文历史方面的传说和故事。其中特别之处在于，阳新县王英镇王文村的门匾不同于阳新县其他村落祠堂的门匾，门匾上书"钦点翰林院"，据当地老人讲述，这是当时村中所出翰林王凤池所题。

6. "纯臣世泽"——添胜村

添胜村又名石添胜，其村落选址深受江西民居营造的影响，村落十分讲究风水，负阴抱阳，与自然环境巧妙地结合。添胜村为单姓村落，分为添胜上庄和添胜下庄，二庄毗邻而居，没有明显的分界线。村民均为至善公后代，村落发展至今已历经近500年历史。现如今，添胜村由石家自然湾和陈家沟自然湾合并而成，下辖4个村民小组，298户，人口1300余

人。村中大部分村民的收入以务农为主，部分年轻人选择外出务工，极少的人从事着竹编这样的传统行当。将老房子拆除后建造新房，或者将老房子卖掉用于旅游开发，是全村大多数人的意愿。"纯臣世泽"为石氏的家训门匾。"纯臣世泽"作为堂号门匾的依据就是石氏先辈和历史名人的功德、地位，反映了祖训家风。石姓得姓于始祖石，本名公孙，字石。（据《石氏宗谱》，2009年己丑续修版）

添胜以石氏六十七世祖添胜公而得名，添胜公于明初居永福里鉴湖保石咀头，公官至钦赐督运，其孙志清、志善二公均系军籍，志清公后裔迁居英山县乌云山和石家大湾等地；志善公迁居石添胜，生育七子，仲权、仲瓒、仲荣、仲英、仲文、仲敬六公居添胜下庄，仲玉公居添胜上庄。故添胜村又名"石添胜庄"。

2 对传统村落保护的思考与建议

通过调研，笔者思考了许多。随着农村人口的转移，农民喜新厌旧，那些没有进入传统村落保护名录的村中房屋年久失修，逐渐破落，导致其房屋的历史价值、人文价值消亡。在当前"美丽乡村"和"精准扶贫"的建设过程中，拆旧建新成为共识，拆除真古董建成假古董成为时尚。目前仙岛湖景区内沿公路建成和正在建设的新农村和旅游景点就是这种思维的产物，而许多传统村落和老房子加快拆除，作为精准扶贫安居房工程建设的宅基地。因此，重塑乡村肌理，激活乡村文脉，一村一品，打造"生态旅游为体，文化旅游为魂"的发展模式，将是解决乡村发展的一种有效途径和方法。

为此，笔者提议：

1. 呼吁当地各级政府和老百姓对传统村落和民居的重视，珍惜祖辈留下的丰富遗产，停止人为拆除行为；

2. 组织专家团队，对古村落进行全面调研、测绘、访谈，建立古民居档案数据库，进行分类管理；

3. 引进社会资本，寻找政策支持，选择几处现状较好的村落或民居进行保护性开发，打造仙岛湖"美丽乡村"文化生态旅游示范点，提升仙岛湖风景区文化旅游品牌，带动相关产业的可持续性发展；

4. 广泛宣传和推广成功经验，社会广泛支持，引导古村落改造和农村建设的正确发展方向。

现地域文化的特色小镇规划设计内容及要点详解

张进

湖北美术学院环境艺术设计系 副教授

"湖泊水网地区传统村落创新营建人才培养系列讲座"第十六讲
湖北美术学院环境艺术设计系A8教学楼
2019年5月19日 上午

讲座主题

　　特色小镇建设目前持续受到各界关注，掀起了建设热潮，如何建设好特色小镇？规划设计成了其中的重点。那么，特色小镇规划到底是什么？根据自身参与特色小镇相关工作的思考和理解，认为特色小镇规划是集小城镇适用的产业规划、小城镇的人居环境规划及风貌设计、基础设施规划、文化挖掘研究、旅游规划、新技术的应用、体制机制创新和规划建设管理的行动计划为一体的综合规划，并在空间落地；是策划、产业、文化在空间关系上的反映；是与传统的城市规划和小城镇规划注重空间或产业等几个方面不同的。本次讲座就以特色小镇相关资料解读为主。

1　特色小镇发展概况

1.1　特色小镇的发展概况

2014年10月，在参观云栖小镇时，时任浙江省省长李强提出"让杭州多一个美丽的特色小镇，天上多飘几朵创新'彩云'"，这是"特色小镇"概念首次被提及。

2015年12月底，习近平总书记对浙江省"特色小镇"建设作出重要批示："抓特色小镇、小城镇建设大有可为，对经济转型升级、新型城镇化建设，都具有重要意义。浙江着眼供给侧培育小镇经济的思路，对做好新常态下的经济工作也有启发"。

2016年1月初，浙江省省长李强在绍兴宁波调研特色小镇建设后说道："在新常态下，浙江利用自身的信息经济、块状经济、山水资源、历史人文等独特优势，加快创建一批特色小镇，这不仅符合经济社会发展规律，而且有利于破解经济结构转化和动力转换的现实难题，是浙江适应和引领经济新常态的重大战略选择。"要全力推进特色小镇建设，把特色小镇打造成稳增长调结构的新亮点、实体经济转型发展的新示范、体制机制改革的新阵地。随后全国各地特色小镇建设规划蜂拥而至。

2016年10月11日，住建部印发《住房城乡建设部关于公布第一批中国特色小镇名单的通知》，公布第一批127个国家级特色小镇名单。2017年8月22日，住建部印发《住房城乡建设部关于公布第二批全国特色小镇名单的通知》，公布第二批276个国家级特色小镇名单，全国各地有关特色小镇的概念基本上慢慢统一了下来。

1.2　特色小镇的问题

2017年12月国家发展改革委、国土资源部、环境保护部、住房和城乡建设部等四部委发布《关于规范推进特色小镇和特色小城镇建设的若干意见》，收拢政策，明确"去地产化"，明确优胜劣汰、产业主导。政策一出，大量计划内小镇项目流产，在建小镇也有不少烂尾，小镇建设已走入淘汰和沉淀期。

2018年8月30日，发改委发布《国家发展改革委办公室关于建立特色小镇和特色小城镇高质量发展机制的通知》（发改办规划〔2018〕1041号）明确提出逐年淘汰三类小镇：住宅用地占比过高、有房地产化倾向的不实小镇；政府综合债务率超过100%、市县通过国有融资平台公司变相举债建设的风险小镇；以及特色不鲜明、产镇不融合、破坏生态环境的问题小镇。对于已公布的两批全国特色小城镇，各省也分别被要求整改。此政策后，各省市都开始整改和淘汰小镇，淘汰名单也陆续公布，杭州和云南分别淘汰了6个与5个不合格小镇。

2 特色小镇的规划原则

2.1 产业布局

特色小镇是指依赖某一特色产业和特色环境因素，如地域、生态、文化特色等，打造的具有明确产业定位、文化内涵、旅游特征和一定社区功能的综合开发体系，有目的地培植一些特色产业，根据特色产业来完成小镇的规划。特色产业与各类产业的集聚与融合，共同彰显特色效应。

产业的选择决定了小镇的未来发展，必须紧扣产业升级趋势，坚持产业主攻方向，构筑产业创新高地，定位需要"独特"。特色是小镇的核心元素，产业特色是重中之重。找准特色、凸显特色，是小镇建设的关键所在。

2.2 城乡一体

优化公共服务设施，提升特色小镇的品质。规划复合高质量的设施服务并辐射周边。在发挥优势资源的同时又不失科学发展的理念。

针对明确而具体的目标，通过各种创造性思维和操作性安排，形成行业核心、商业模式、文化标杆、主题品牌、游憩方式、产品内容、服务特色，从而形成独特的旅游文化的"顶层设计"，建构有效的营销促销体系和体验体系，促进区域旅游经济可持续的良性发展，并促使旅游地在近期内获得良好的经济效益和社会效益，做到旅游经济一体化。

2.3 人居环境

保护山水田园，修复生态环境。提出镇域乡村建筑风格、色彩与形式的管控要求，促进镇域整体风貌的协调统一。通过对乡村的农房、公共空间进行改造治理，改善农村人居环境，打造山水秀美、设施完善、生活便捷的美丽乡村。

2.4 文化特色

对当地的传统文化加以保护与传承，突出文化主题。对传统风貌建筑应遵循保护原则，进行风貌整治不得改变原有建筑风貌。在传统建筑集中的区域划定传统风貌区，在建筑色彩、体量、材质等方面进行整体建设指引。

3 特色小镇的规划内容

特色小镇规划是集小城镇适用的产业规划、小城镇的人居环境规划及风貌设计、基础设施规划、文化挖掘研究、旅游规划、新技术的应用、体制机制创新和规划建设管理的行动计划为一体的综合规划。

通过确定发展目标，提高吸引力，综合平衡游历体系、支持体系和保障体系的关系，拓展旅游内容的广度与深度，优化旅游产品的结构，保护旅游赖以发展的生态环境，保证旅游地获得良好的效益并促进地方社会经济的发展，做到让特色小镇能吸引到大量客源。

特色小镇规划主要包含以下内容：一个定位策划；五个专题研究；二个提升；一空间优化落地。

一个定位策划：根据自身的基础和独特的潜力，抓准特色，明确特色小镇的精准定位，进行充分的策划来支撑特色小镇发展。

五个专题研究：产业、宜居、文化、设施服务、体制机制五个方面的专题研究和实施方案，保障特色发展。

二个提升：旅游和智慧体系两个提升规划。

一个空间优化落地：最终通过一个空间优化落地规划落实所有规划设想，并明确实施步骤。

4 特色小镇的规划要点

4.1 产业布局

1. 统筹安排用地指标和空间布局

从县域层面统筹安排产业用地指标和空间布局，引导布局适度集聚；有条件发展产业的镇要预留发展空间和用地指标，避免来了企业无地可用。

2. 提高工业用地建设强度

不宜将工业园区作为小城镇现代化标志进行打造；设定工业用地建筑密度和容积率下限，绿地率不宜超过10%，产业集中地区内部道路红线宽度不宜超过15米；整理闲置企业用地，适度引导企业集中。

4.2 乡村田园环境

1. 保护山水田园，修复生态环境

保护山水格局，城镇建设与环境统一；预留视线通廊，做到显山露水。

2. 全域协调统筹，建设美丽乡村

提出镇域乡村建筑风格、色彩与形式的管控要求，保护乡村传统格局与历史空间，促进镇域整体风貌的协调统一。

通过对乡村的农房、公共空间进行改造治理，改善农村人居环境，打造山水秀美、设施完善、生活便捷的美丽乡村。

4.3 整体格局

1. 顺应山水，契合地貌

水网地区的城镇，应顺应原有水系形态进行布局、营造多样的滨水公共活动空间，避免城镇建设强行对河流水系截弯取直、填河围湖。

山地、丘陵地区的城镇，应顺应地势，建筑随地形条件布置，避免城镇建设削山平地、破坏地形起伏。

平原地区小城镇宜采取相对集中的布局方式，避免侵占耕地；保留镇区内部林地、池塘等自然资源，建设为公共开敞空间。通过防护林带或生态廊道的建设，将外围农田等自然要素引入镇区内部，构筑平原地区小城镇特色的风貌。

2. 用地混合、新旧区协调

生产、生活、生态用地的适度混合，推进产镇融合发展。避免采取功能分区的方式割裂小城镇生产、生活空间。

镇区规划建设应延续原有的格局和肌理，协调好新老镇区的布局关系和风貌特征，避免新老区各自为政。

3. 路网格局合理

路网布局应顺应地形，延续肌理。

滨水地区的路网要顺应河流走向，随水岸线布局。

山地、丘陵地区路网要顺应等高线布局，人行步道可采取垂直等高线布局方式。

提高路网密度，增加支路和巷路。

小城镇居民绿色出行特征明显，日常出行以步行、自行车、电动自行车、摩托车为主，步行出行比例达50%，对支路和巷路需求高，需增加路网密度，小城镇的道路网密度不宜低于12千米/平方千米（不含巷路），道路间距以100~150米为宜。

4.4 建设强度与街坊形态

1. 控制建设高度与强度

编制科学的详细规划，重视规划管理，控制建设高度与强度。

2. 推行开放式街坊住区

住区不宜设置封闭围墙，实现破墙透绿、设施共享，增强小城镇的活力和亲切感。

街坊内部以巷路相连，注重公共交往空间的打造，增加居民交流交往。

3. 建设小尺度街坊住区

小城镇应以小尺度的街坊住区为宜，以100~150米的道路网间距划分街坊住区。

4.5 商业与公共服务设施

1. 商业有序布局

商业布局因类制宜。

商业街（包含底商）——以服务小城镇生活或旅游功能为主，应结合生活性道路布局。

集贸市场——应在镇区边缘单独设立，临近对外交通和镇区生活性道路。

区域商贸中心——应结合对外交通性道路布局，与生活区域保持一定距离。

管控商业店铺，防止无序蔓延。

根据小城镇区位、性质、规模、空间形态等，统筹布局商业用地，适度控制规模。

鼓励有条件的重点镇、特色小镇建设综合服务体。

引导底商业态。

保护传统商业业态。除满足居民日常需求外，商业业态还应与娱乐消遣、地域特色体验、旅游等活动相结合，构建独具地域特色的业态形式。在居住区集中的区域，限制底商经营具有噪声污染、空气污染、水污染的商业类别。

2. 公共服务设施充实完善、集约高效

营造20分钟生活圈。要充分尊重居民出行习惯，合理布局教育、医疗、文体等设施。

完善公共服务功能配置。以居民需求为导向，提高服务质量和水平，实现公共服务全覆盖。

集中设置行政办公、文化健身等设施，充实公共服务设施服务内容。鼓励建设一站式服务大厅，多功能混合。

4.6 道路与交通设施

1. 打通断头路，过境公路宜改线

打通断头路，形成完整的路网，改善居民出行条件。

控制小城镇用地沿过境道路布局，有条件的镇应将穿镇公路改线至镇区路网的边缘。

2. 街道尺度适宜

优化道路断面设计，道路宽度要适宜，两侧建筑要合理退线。

生活型道路高宽比以1：2左右为宜，不宜低于1：4；传统街区的街巷高宽比则更大。

3. 完善设施建设

实现路面的硬化平整，完善信号灯、路灯等设施，结合街道空间设计停车位。

通过道路绿化、街道家具等进行各类交通行为的分隔，设置小广场、休闲长廊、茶座等供居民使用。

4.7　绿地和开敞空间

1.　各类绿地灵活布局，方便可达

因地制宜安排不同尺度的公园、广场、街头绿地等。

绿地服务半径宜为150～300米，确保居民步行5分钟能够到达。

结合宅前、道旁、树下、桥边、街头巷尾等空间布局小片绿地。

2.　公园广场尺度适宜，多元利用

提倡建设节约型绿地，规划建设尺度适宜的公园广场，严格控制大草坪、大广场、水景喷泉等形象工程。

鼓励建设满足居民休闲、交流、健身、举办活动、科普等多元需求的复合功能型绿地广场空间，通过布置儿童游乐、健身、座椅看台等设施丰富各类绿地广场功能。

3.　乡土特色，生态建设

本土植被——优选乡土植物或经引种驯化后适应当地气候、长势良好的外来植被，营造有地域特色的植物景观。

就地取材——在景观小品、铺装、设施等设计和建造上尽量就地取材，彰显地域特色。

生态建设——广场及绿地中宜减少硬质铺装面积，选用透水材料，灵活设置集水绿地、蓄水池、生态草沟等低影响开发设施；鼓励采用生态驳岸设计打造河岸系统，避免完全渠化的工程驳岸设计。

4.8　镇容镇貌

1.　建筑风貌引导

对传统风貌建筑应遵循保护原则，进行风貌整治不得改变原有建筑风貌。通过改水、改电、改厨、改厕等方式，实现对现有传统建筑基础设施的改善提升，提高居住建筑的舒适度，提升公共建筑利用效率。

鼓励"以用促保"，采用多种形式，利用传统风貌建筑，对传统风貌区加强保护与利用。

新建建筑体应体现传承与创新的协调统一，鼓励引入高水平建筑设计。

传承与创新建筑形式，延续传统风貌，满足现代使用需求。

精心设计建筑细部，屋顶、门窗、腰线、地脚线、墙角等细节应体现本土建筑特色与风貌。

色彩提取当地的标志性色彩。建筑材料应就地取材，选用本土材料，适当运用现代建造技艺，建设新建筑。

2.　街道空间整治

在沿街立面整治要通过对沿街建筑的高度、面宽、色彩、材料、开窗方式、细节装饰等方面的控制，塑造连续、和谐的街道空间。应对第五立面（屋顶）进行管控，达到形式相近，风格统一。

街道环境整治要注意，店铺牌匾应与建筑协调。

规范店前空间使用，禁止占用店前空间经营。

4.9　传统文化保护与传承

1. 传统风貌的保护

建议在传统建筑集中的区域划定传统风貌区，在建筑色彩、体量、材质等方面进行整体建设指引。

对体现城镇文化、展现地域特色、民族特色的传统风貌建筑进行登记挂牌，予以重点保护。

严格划定文保单位保护范围及建设控制地带，建设控制地带内的新建建筑应与文保建筑相协调，其建筑高度不得高于文保建筑。

2. 非遗的保护、传承与开发

做好传统手工艺、民俗活动、节庆、礼仪等非物质文化遗产的摸底工作，形成地方非物质文化遗产名录。

通过展览、展示、比赛、交流等形式，营造浓郁的地方传统文化氛围。

推动民间优秀的非物质文化的产业化发展。

3. 文化场所的营造

结合绿地广场建设特色空间，为地方特色文化提供展示与传承的空间场所。依托文物古迹、特色商业、传统民居、古桥庙阁等历史空间开拓绿地广场空间，打造居民文化生活的核心节点。

荆州地区滨水城镇创作方案分析

吴宁

湖北美术学院环境艺术设计系 副教授

"湖泊水网地区传统村落的创新营建人才培养"系列讲座第十七讲

湖北美术学院环境艺术设计系A8教学楼

2019年5月19日 下午

根据讲课录音整理 整理人：翦哲

讲座主题

    以郢城文化小镇概念规划方案为例，分享了整个项目的设计过程以及设计思路，以及分析了设计场地的自然风貌和自然水体，强调在设计过程从始至终要以保护和复兴传统文化脉络为原则，响应国家要在全国范围内围绕产业特色鲜明、要素集聚、宜业宜居、富有活力的特色小镇建设，推动各方面探索符合自身实际的特色小镇高质量发展之路的国家政策，同时围绕荆州郢城自然规划旅游区的整体规划而展开。

1 "一城一街一花园"的文化小镇概念

郢城，楚平王修筑，两千年的岁月尘封了它。为积极响应国家建设社会主义新农村的政策号召，以保护历史旧址、复兴传统文化脉络为原则，郢城文化小镇规划设计得以展开。

1.1 "文脉优势"的体现

小镇位于湖北省荆州纪南生态文化旅游区西南端，距荆州高铁站约2公里，距荆州城区约4.5公里。城址呈正方形，城镇区位内包含保留的秦汉城镇遗址，城墙、城门、角楼与护城河等，同时还存在保存较好的现代民居约500栋。镇内水网密布，田地平整有序，城外护城河围绕，范围虽不甚大，但严谨规整。丰富的历史底蕴与先天的自然优势，为郢城文化小镇的整体规划改造奠定了得天独厚的文脉优势和物质基础（图1）。

图1　郢城文化小镇方案总平面图

1.2 概念设计中"文化"的含义

本设计立足于郢城特有的资源优势。秉着尊重历史的严谨态度，以当代视野审视提炼其特有的文化价值，达成古今文脉的传承。本项目是让郢城遗址获得涅槃重生的实践。是对"传承乡村文明"的思想和"文化自信"重要指示的践行，也是献给"美丽中国"的华美诗篇。

2 "一轴两圈四园"布局的内涵

2.1 区位是布局的客观体现

地处湖北省荆州市荆州区郢城镇郢城村，依托荆州市与省内武汉、襄阳、宜昌等地区和中西部中心城市重庆、长沙形成300公里半径旅游生态圈，南距荆州市区4.55公里，西北距楚纪南城遗址约3公里。

2.2 文化是布局的内在表达

作为古代荆楚文化的重要区域，遗存有大量历史文化遗迹，是江陵地区一系列城址遗存中的代表性遗存。从属纪南生态文化旅游区、楚文化展示区、国家大遗址保护示范区、国家级文化产业示范区、国家生态文明建设试验区及国内知名旅游目的地。

总体规划体现"一城一街一花园"的理念，采用"一轴两圈四园"的结构进行总体布局。"一轴"即"中心景观轴"，古籍中"楚人尚东"的理念，纪南生态文化旅游区主入口楚都大道位于地块东侧，利于人流的聚集，故而主门东向而开。由东向西布局中心景观轴，其间以楚国织锦纹样为绿化构成。即象征楚汉文化脉络的沿袭，也体现"紫气东来"的吉祥寓意。"两圈"即环城护城河的水上观光圈和秦汉古城墙遗址形成的绕城景观平台圈，强化边界的同时使历史与现实交织于一处。"四园"在完整评估地块现状后，将其分为四个大的主题功能园：北部的运动休闲区、度假养生园，以及南部的农业体验园和科普展示园。

2.3 定位与发展——布局的践行与愿景

郢城文化小镇设计方案以郢城遗址为基础，遗址为秦代、汉代时期的遗址，现为土城垣，城垣为正方形，周长5.5公里，边长1.4公里，城垣高3~6米，宽15~20米，垣顶宽7~10米，城门及烽火台等遗迹可见。在此拥有物质文化基础的设计方案，定位旨在实现特色秦汉小镇、生态荆楚水乡、多彩奇幻花海多位一体的战略愿景，再造"荆楚秦汉水乡"打造荆州市楚文化旅游名片。以改良生态为底，以保护遗址为魂，以参与体验为媒，达成遗址保护利用，使之活化的发展策略。

3 设计中的"秩序"

3.1 保护生态——理念到实践的基础

坚持生态环境保护与生态环境建设并举。在加大生态环境建设力度的同时，必须坚持保护优先、预防为主、防治结合，要做到完全避免郢城文化小镇方案在实践阶段出现边建设边破坏的情况发生。坚持污染防治与生态环境保护并重，应充分考虑郢城文化小镇区域和流域环境污染与生态环境破坏的相互影响和作用，坚持污染防治与生态环境保护统一规划，把城乡污染防治与生态环境保护有机结合起来，努力实现城乡环境保护一体化。坚持统筹兼顾，综合决策，合理开发。正确处理资源开发与环境保护的关系，坚持在保护中开发，在开发中保护。经济发展必须遵循自然规律，做到近期与长远统一、局部与全局兼顾，绝不允许以牺牲生态环境为代价，换取眼前和局部的经济利益。

3.2 保留农耕——文化的另一面体现

在郢城文化小镇的方案设计中，要以保留农耕为原则，保留现状基本农田，在本区域内打造生态休闲观光农业，种植景观效果及经济价值兼备的植物品种，创设多样趣味的田园景观休闲空间。打造芳香圃、蔬圃、果圃、药圃等专类植物园，反映秦汉时期的农耕文化。耕织园种植以桑树、枣树、柿树等乡土果树，创设景观空间，展现悠然乐活的田园风情。

保留农耕不仅仅是方案理念的一种表达形式，同时更是在保护农耕文化。农耕文化，是由农民在长期农业生产中形成的一种风俗文化，以为农业服务和农民自身娱乐为中心。农耕文化集合了儒家文化及各类宗教文化为一体，形成了自己独特的文化内容和特征，其主体包括语言、戏剧、民歌、风俗及各类祭祀活动等，是中国存在最为广泛的文化类型。农耕文明决定了汉族文化的特征。中国的文化是有别于欧洲游牧文化的一种文化类型，农业在其中起着决定作用。

3.3 遗址保护的思考与实践

保护物质文化遗产与遗址就是保存人类文明发展的最重要的历史记忆，且是保护人类生存和发展的共同家园，同时是保护人类可持续发展的共同物质和文化基础。因此，郢城文化小镇的设计方案要始终以保护遗址与文化遗产为原则。

要坚持文物工作方针，郢城文化小镇方案从始至终要克服急功近利思想，正确处理保护与利用的关系、保护与发展的关系、保护与地方积极发展和改善群众生活的关系。将保护与建设、政府职能、资金保障、社会监督、公众参与联系起来。以法律、法规的形式明确下来，为保护工作提供良好外部环境和重要基础保障。方案要通过编制规划大纲，掌握遗址的现状，了解基础工作中存在的不足，确定工作内容和工作深度，为规划编制提供扎实的基础材料，为方案实践提供明确的依据；科学合理地编制保护展示规划，避免盲目性，增强可操作性，加强评估工作，客观分析开展工作所具备的条件。同时对居民及游客进行历史教育，加大宣传力度、体验了解，让民众亲身感受一下文化遗址的重要，明确一点那就是历史文化遗产对于一个国家一个民族有多么重要。采取有效措施，抓紧征集具有历史、文化和科学价值的非物质文化遗产实物和资料，完善征集和保管制度。

4 结语

围绕概念方案，深入阐释在进行历史文化小镇改造设计所要聚焦的点，以特色秦汉小镇再现光辉与生机等为目的，整体方案围绕"一城一街一花园"的总体规划，展开"一周两圈四园"的布局设计，并且在整个方案的设计过程中严格遵循以保护生态为原则、保护农耕为原则、保护物质遗产为原则，合理设计规划方案。并且在方案设计过程中严格按照以保护生态为原则，进行基于基地本身的风貌进行设计；以保留农耕为原则，对基地的水系进行休整，合理设计水上项目；以保护物质遗产为原则，表达对荆楚文化的一种延续。同时，启发我们在今后从事文化小镇相关设计案例工作的过程中，要注意优化公共服务设施，提升特色小镇的品质；创新产业转移机制，优化产业环境，促进文化创新，将传统文化融入其他产业中，创建富有灵魂的特色小镇；积极履行我国制定的相关政策，加强小镇的文化特色发展，促进城乡一体化发展，从而实现文化发展与城镇发展的同步进行。

新农村建设视域下的景观概念规划模式

丁凯

湖北美术学院环境艺术设计系 副教授

"湖泊水网地区传统村落创新营建人才培养系列讲座"第三十一讲
湖北美术学院环境艺术设计系A8教学楼
2019年5月26日 下午

讲座主题

　　介绍了新时代农村建设发展过程中国家给予了强大的政策支持力度，在中央农村工作会议上确立实施乡村振兴战略二十字总要求，即产业兴旺、生态宜居、乡风文明、治理有效、生活富裕的总要求。新时代农村建设发展是希望能让农业成为有奔头的产业，让农民成为有吸引力的职业，让农村成为安居乐业的美丽家园。

1 现状分析

本课以重庆城北的某以"马会"为主题的乡村旅游项目为例讲解新时代农村建设视域下的景观设计思考，其现状是在原有的规划建设基础上二次规划和运营发展而来的。新农村建设视域下的景观概念规划模式一定会从经济层面、旅游规划层面、市场供需层面、国家政策层面来综合考虑。我们从以下几个方面来分析该项目：

1.1 区位选址

符合城郊休闲度假应离中心城区车行时间在2小时以内，该项目距中心城区最近只需要40分钟，在出行高峰情况下应该能在1小时左右到达，所以符合区位距离的考虑；其次是项目地选址应该考虑有便捷的高速毗邻，该项目被绕城高速、包茂高速、兴盛大道等优质道路资源包围，符合休闲度假产品的交通条件；最后自然资源的选址可以看出该项目被东西两条山脉围合在山谷里，深处谷底，抬头眺望，四周的山峦连绵起伏，村落零星点缀在山腰，完全可以称谓离开市区喧闹的一方难得之清净宝地。对于选址的资源条件分析，本项目资源优势有着山脉围合、地势平坦、气候凉爽、植被丰富、水源充沛、清净谷底，散落在半山腰的民居外观及其建筑都相对统一，有很好的改造基础和利用条件。

1.2 竞品分析

本项目与重庆城北休闲度假胜地毗邻，项目周边以AAAA级景区铁山坪森林公园、玉峰山森林公园为景区依托，聚集不少以休闲农业、健身养生为主要业态的城郊休闲度假初级产品。铁山坪森林公园以重庆最佳露营、采摘、全民健身登山徒步、步道云梯、森林氧吧等；玉峰山森林公园以重庆最佳露营、采摘、全民健身步道、森林氧吧、玉峰村山顶"花岛湖"、垂钓谷、欢乐谷、桃园等乡村旅游项目，以形成整体的观光休闲景观带。在重庆休息农业现状以重庆近郊的零星分布有十余个休闲农业产品，客群针对性和专业性都不够或功能繁多，导致大而全做得不够精致极致，专门针对儿童和青少年的产品非常稀缺。

1.3 运营现状

某以"马会"为主题的乡村旅游项目从马会加农场的经验模式到后期构建设定的亲子营地教育乐园或者在未来设想中建设更大尺度的产业链，规划建设更完整的乡村旅游综合体，在现阶段风起云涌的休闲度假旅游模式下，消费群体对新的休闲旅游产品的建筑风貌、景观效果、交通组织、旅游规划等指标都有着较高的期待，而景观规划设计的目的就是围绕项目的核心业态，既要利用优势资源进行景观风貌提升，更要解决当下的现状问题。

2 项目策略

2.1 产品更替

随着休闲旅游业的产品更替，从初期传统的乡村旅游功能中满足基本的"吃、住、行、游"的观光阶段演变到非传统体验型的第二代休闲旅游以市场产品细分、项目个性鲜明为主要特征的，以农场、农庄、民宿等为核心吸引力的休闲旅游产品，其注重的是体验性；现阶段已经演变到第三代综合体产品：以休闲度假、深度体验为特征，通过产业链闭环现场综合体。

2.2 旅游综合体

随着全域旅游时代的来临，细分市场单打独斗的时代已经逐渐成为过去，民宿开始形成"宿集"，乡村旅游综合体开始出现。由于休闲旅游业的产品升级更替，导致某以"马会"为主题的乡村旅游项目在规划构思中从最初的"马会"变为亲子主题的"马会营地乐园"，最终又变为了山谷乡村旅游综合体。

根据上述定位景观的规划原则就能够清晰可见，我们会挖掘资源的潜在价值，并实现其价值最大化；绿色生态低影响的开发建设理念；马术运动积极进取、挑战自我、信任合作的骑士精神；自然与人的文化交融的生活美学场景营造这四个原则来强化不同维度和不同界面的景观体验。

3 景观策略

3.1 规划应用

景观策略在规划应用上的理念强化到格调国际化、产品国际化、服务国际化的体验型乡村思维。从景观规划原则来看，根据发展的趋势我们应该从四个维度考虑此项目：第一个维度是资源挖掘及优势资源的价值最大化；第二个维度是具有绿色生态低影响的开发建设理念；第三个维度是把握住马术运动积极进取、挑战自我、新人合作的骑士精神概念；第四个维度是自然与人文交融的生活美学场景营造。在现有的项目条件下景观规划原则应该是强化不同维度和不同界面的景观体验原则，强化该项目处于不同阶段的营地教育和旅居生活，能够提供全流程的差异化体验感并能够针对不同类别的营地活动及场所需求，营造其匹配的独特景观空间。

3.2 应用性策略

1. 材料工艺策略

选用自然、在地、乡土、粗料细作、传统材料的现代表达方式在硬景材料及工艺均以在地化、本土化为原则，粗料细作，低成本优效果，该策略应用中多以原始石材、原始木材、土砖、废弃木料、碎石、竹、竹条、芦苇、草席等原始接地气的传统材料因地选材。

2. 植被造景策略

优选本土乔灌草品种，通过观花、观果、观叶的季节性交替凸显季相，同时通过多年生花境营造野趣。在经济效益比方面，适地适树确保成活率、降低造价，多层次，疏可跑马、密不透风，这样能够保证投资与成效的高回报比。

3. 边界整理策略

该策略是景观规划的总要环节，强化人群是地域视线与观赏的界面感，在所有路径的边界需进行修边及装饰，强化边界感、领域感、美感，扩大人群对该区域丰富的体验感与层次感。

4. 生态环保策略——雨水收集

雨水收集是当下景观规划在生态与低碳应用背景下的重要设计策略，其雨水收集可以达到雨水花园生境花园、固土护坡、旧物回收、变废为宝等特别的效果。

5. 专项定制策略

在运用和定制方面符合条件的场地运用旅居树屋和集装箱管理房等采用专项定制，可以保障项目品质且能够缩短工期，时效性是相对理想的。

总体概括新时代农村建设视域下的景观规划设计思考维度，是经济、文化、地域、政策等多维度的前端思考，不是局限地只关注设计的单一方法和手段，需要结合实际需求和可持续发展的策略做符合经济发展的景观规划设计。

湖泊水网地区景观规划模式探索——以湖北庙滩镇为例

吴珏

湖北美术学院环境艺术设计系　副教授

"湖泊水网地区传统村落创新营建人才培养系列讲座"第三十二讲
湖北美术学院环境艺术设计系A8教学楼
2019年5月26日 下午

讲座主题

　　本文结合新农村建设的要求,重点阐述了庙滩镇农业景观中的城镇规划问题,解决此问题主要是处理好城镇的发展与生态环境的关系,发挥艺术专业的特点,立足于环境美学和景观视觉理论的基础,并从文明发展过程的角度,深入探讨人居生活方式形态的改变对城镇规划的影响,提出了针对性镇级规划新的概念和具有前瞻性的解决方案,为新农村建设镇级规划提供有益参考。

引言

国家对农村工作的重视程度，在众多文件中已明确提出，要加快新农村建设，并分析了当今中国农村问题的严峻形势，提出了切实有效的解决方案，而与此同时随着经济的发展，乡镇规模不断无序扩张，对环境的影响却日益加大，生态环境面临着严峻考验。庙滩镇作为湖北地区镇级建制的代表，对其调查研究极具推广价值。景观规划模式的探索主要在对现场充分调查的基础上，作出调查结论及概念性方案。

调查

调查过程从宏观的农村问题、农村社会形态变化的四个方面演变历程；调查对象对镇级规划的态度；镇级规划的功能要求。分别采用了诊断式访谈和诊断式观测的方法对农村镇级规划中所涉及的重点问题进行分析取证。调查更深层次的问题，来挖掘影响镇级景观规划的重要因素，能更全面地反映研究成果，具有推广性。

1　社会形态的变化

社会形态的变化

	过去	现在
结构变化	依据于宗族姓氏的方式来进行组合，以血缘关系为基础的密切结构形式	新型经济关系打破了原有的宗族姓氏组织结构。由同堂而居发展为现在的分家而居，甚至搬迁村外
布局方式	自然形成，布局方式为：依水地关系散点分布	随着人口的增加、道路的扩展，镇级规模不断扩大，由线形分布向网状发展，店铺增多，逐渐形成中心镇，成为满足人们物质和精神需求的中心地段
生活方式	较为单一，两点一线，由家到农田，多以前屋后田的形式	活动范围扩大，物流速度和领域拓展，加快了镇的建设。镇级市场逐渐不能满足需求，便向城市发展，形成了家、土地、市场和城市文化的一条脉络
生产方式	物物交换，自耕农田，受生产工具的制约，产量很低，毫无经济效益，仅能自给自足	单个家庭组合在一起，有一定的组织来管理，进行集中化的生产，形成了公社式的生产方式

2 对象对镇级规划的态度

对象对镇级规划的态度

对象	要求	形成因素/目标	存在问题
政府人员	主要是宏观上的把握	受到政治教育影响，思想上较为先进，也能接受新的思想；关心和支持镇级规划的进行，而且也意识到镇级规划的重要意义，对新信息有着浓厚的兴趣	有少数的领导盲目搬抄外国的形式内容，新建大型广场以示排场，即缺少人情味，不实用，又浪费
外出打工人员	与外城市的比较	一定程度上，他们也是城乡联系的媒介。外出务工，使他们积累了一定的物质基础和新兴的"文化信息"。很大程度上，村镇的审美趋向就是受到这批人的影响。而他们的审美意识是随着城市的文化意识而变化，而且带有极大的滞后性	一味地用比较、模仿、嫁接等方法，使村镇的本土文化和审美取向丧失，趋于同化，而无特点，更加不利于整体的规划考虑
常住人员	关心镇的建设	希望加快镇级规划的进行，他们要扩大生产规模，需要一个好的硬件条件作为支撑，也需要一个好的形象来面对客户，这也是值得注意的问题	更多的是关心经济效益，在生产的过程中他们很少注重环境的问题
外来旅游者	追求朴质的气息	紧张焦躁的城市生活，给人们带来巨大的精神压力，他们渴望找到适合喘息的宁静之地	农村的住宿条件、卫生条件以及各项配套设施，无法取悦更多的旅游者
村级农民	满足基本的需求、向往美好的生活	仍然保持较为原始的农耕方式，但向往发展。加之，受到邻里家庭的影响，渴望摆脱贫困，却找不到合适的途径（想去镇里寻找合适的工作来增加收入、改善生活）	目前，镇级无法接纳这类想来镇里工作以增加收入的农民。对镇级规划的态度是希望有更多的就业机会，并能提供方便简明的服务来满足基本的需求
赶集人员	需求简明、方便	能便利地买卖到所需物品，方便生活	

3 镇级规划的功能要求

在我们的调查过程中，发现了很多问题，也是我们急需解决的问题。这些都可以归结于——如何处理建设中物质生活水平的提高与生态环境保护之间的矛盾。

镇级规划的功能要求

调查对象	新功能需求
增加超级市场	a. 平价药品的供给；b. 农药、种子的供给；c. 基本生活用品的供给；d. 多种类的农产品的供给；e. 一定数量的生活奢侈品的供给
物流中心的建设	a. 将物品配送给村级单位；b. 村级单位集中出售的渠道；c. 与其他镇物品交流的平台
活动中心的建设	a. 老年人的棋牌交流；b. 演艺、报告；c. 文化展览
体育中心的建设	a. 农民运动会的开展；b. 平时的锻炼、休闲；c. 丰收时的晒谷场；d. 大型室外演艺活动
信息交互中心的建设	a. 最新信息的收集；b. 最新信息的吸收；c. 最新信息的分析；d. 最新信息的运用；e. 最新信息的发布
培训中心的建设	a. 准备外出务工人员的生存技能培训；b. 农业生产技能的培训；c. 定期的优秀镇的交流；d. 农业专家讲座培训
集中托儿所的建设	a. 外出务工人员子女早期教育问题；b. 集中优势满足村级学前儿童的教育问题；c. 镇内学前儿童的教育问题
医疗中心的建设	a. 农民的就医问题；b. 中心辐射各个村单位的要求；c. 简单的小手术操作
旅游开发接待中心的建设	a. 城市内游客的基本要求；b. 村镇的宣传基地；c. 乡村生态游的前沿阵地；d. 餐饮、娱乐的要求
运输中心的建设	a. 城市游客的到达；b. 外出务工人员回乡；c. 镇与镇之间的连接；d. 镇与城之间的连接
镇级中心绿化的建设	a. 镇级形象；b. 镇内农民休闲；c. 生态环境的渗透作用；d. 生活空间的多样性

4 调查的主要结论

以庙滩镇为例，庙滩镇位于谷城县东南部、汉江中游西岸，属谷城县的一个辖镇。东与襄阳县的太平店镇隔汉江相望，西与盛康镇为邻，南与茨河镇相连，北与城关镇接壤。东南至襄樊市50公里，北至谷城县城16.5公里。地处北纬32°12′~32°59′，东经111°37′~111°47′。该镇依山面水，镇内地势西南高，东北低。整个镇区面积221.2平方公里，以管辖级别可将整个区域内分为中心镇、集镇、中心村、村这四种建制形式。中心镇是以中心的服务区为核心，形成环状交通，来对整个镇区起到辐射作用（这也是我们重点阐述的布局方式）；集镇作为满足村民的基本需要而设定，主要是作为物品交换的市场，因此，规划方式主要采取沿道路边线性分布；中心村是自然村落合并而形成的，它主要是前店后田，并附有小型的农副产品加工混合而成，因此，它是在满足功能需求的基础上进行有序布置；村，是以组为单位而构成的，是一种以较为原始的农耕作为生产方式，生活生产都离不开土地，因此，村的布局方式是以组团的形式依附于土地而进行布局。我们重点强调的是镇区内的景观规划模式。由于镇区功能与其他三类相比较为复杂，可变性较大，也为景观的营造留有较为富余的空间。将对庙滩镇区总体布局、功能分布、交通系统、景观系统进行较为深入的探讨。

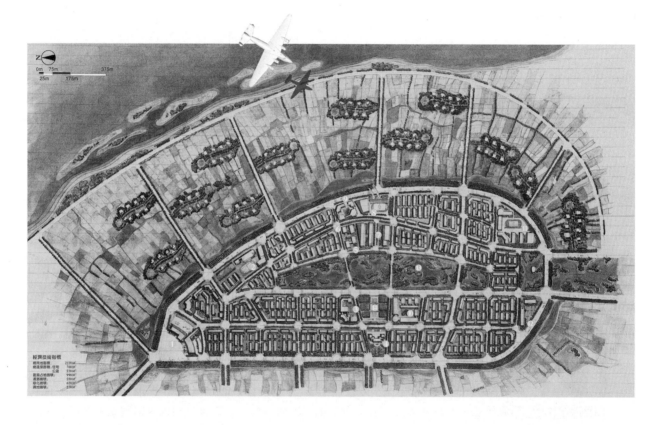

镇区的总体布局分为了六个层次，由内向外可依次为中心湿地公园、中心服务区、较高密度住宅区、低密度住宅区、环镇湿地和周边村落。每个层次依次推进，相互联系，形成一个和谐的实体。规划布局用一个理想化的"冰的晶体"形式表述了这种结构，它建立了一种镇区中心发散的概念，这种概念反对那种典型的细条形商业并从不断细分的形式中解脱出来。我们这里所提到冰的晶体的核心就是镇区中心的行政和商业区。给人的印象是一个将各种功能复杂地混合在一起的地方。新规划布局更注重于层次的递进，并在递进过程中又有着相互之间的联系。庙滩镇区是以中心湿地公园为核心，以公共服务区和商业区为环状排列，以此进行渐进式发展，辐射周边地区。一个镇区中心意味着一种兴奋、一种令人销魂的魅力，一种多变不可预期的感受。在进行有序的规划布置时，设计遵循了以中心密集布置的方式，将主要的公共服务设施集中于镇区

中心。这些公共设施包括超
级市场、活动中心、信息交
互中心、培训中心、医疗中
心、旅游开发接待中心、中
心绿地广场等。这些功能
的设置为各类人群提供了
相应的需求。以培训中心为
例，它满足了准备外出务工
人员的生存技能培训；农业
生产技能的培训；定期的优
秀镇的交流；农业专家讲座

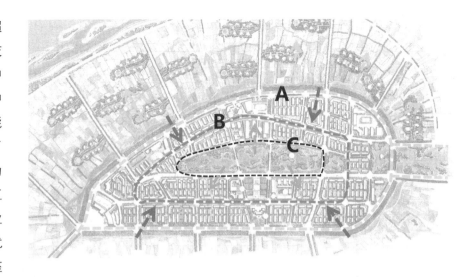

培训。这样一来，聚集大量人气，形成镇区中心，并能满足来自各个方向的居民需要。在镇区通往谷城方向的出口设置车站和物流中心，以方便外来车辆的出入和提高物品流通的速率。即能够保证居民的出行，又能维护镇区不受过多车辆导致的影响。各功能之间都是相互联系的，并拥有许多交叉口和入口的交通系统。

庙滩镇的交通系统主要分为四级道路，分别为环镇道路（30米）、镇区中心道路（24米）、沿湿地道路（12米）和步行小路（7米）。如上图所示，其中虚线A表示外环过境道路。随着镇区的不断发展，过境道路日益繁忙，其功能性就显得更为单一。

镇区道路脱离，形成独立的交通流线。环状的道路能够分别满足谷城方向和襄樊方向的需要。镇区中虚线B表示内部主要的环行道路，它连接镇区内的各个功能区域，并与外环相连，方便居民与外界的联系。镇区中虚线C表示环中心湿地公园的景观道路。沿道路边分布公共和商业建筑，形成镇区的中心地带。四级道路是针对镇区内不同的功能需要而设置，各个具有特殊性，各级道路与建筑的尺度关系和肌理各不相同。外环过境道路为30米宽，道路两边分别设置了林木和湿地隔离带，以此来减少过境道路对镇区的影响。建筑与道路之间间隔较远，留出开阔的绿化带，以防止过境车辆的扬尘、噪音等不利因素对建筑的影响；24米道路为镇区内重要道路，道路两侧分布前店后院式住宅建筑，并以行道树间隔，即要满足商业的需要，也要保持较浓的生活气息；12米道路为环湿地公园的景观道路，道路一边为景观湿地，一边为休闲茶座和中心商业区，形成景观走廊，使人们能在一个宽松的环境来休闲和购物；7米的道路为居住区内部道路，是生活性道路，它在尺度上更加宜人。道路两侧为住宅建筑，有密度较大的绿化系统和开场的空间。镇区道路系统设计是将弯曲的街道系统和网格状的道路系统综合利用。弯曲的街道表达了一种私密性和隔离性，而网格状的道路则表达了一种开放性、可达性和可联系性。在外环为提高通境效率，以网格系统布局，内部步行交通运用弯曲的街道，步行体验作为整个镇区的主要交通方式，既是对传统文化的延续，也是对现在正在恶化的生态环境的保护，更能让人通过亲身的经历来体现镇区的生活气息，感受镇区景观系统的魅力。

庙滩镇的景观系统由内向外依次为中心湿地公园、建筑前绿化、环镇湿地和镇周边村落湿地四个层次的景观形象。中心湿地公园是整个镇区的中心也是最具吸引力的地方，是人们休闲娱乐的重要场所，不仅如此，中心湿地也为调节微气候起到重要作用。它能有效地保持地下水的平衡，为防洪排涝减轻压力，同时它也能以最为生态的方式进行生活污水净化。湿地公园和开放空间被设计成镇区的中心，场地设计让所有年龄段的人都很喜欢。周边提供篮球场、嬉戏区、停车场，更多地配置辅助设施，成为有目的地场所。植物设计作为景观设计中的重要组成部分，与镇区建筑和公共空间的划分有关，大小、习性、质地、颜色、密度、设计可适性以及美学气质赋予它们特定的因素。它们可以被用来有效地描述空间，将人们导引至某些焦点，作为缓冲、加强和过渡的元素，庙滩镇景观设计中将土生土长的植物，与这块土地紧紧团结在一起，利用本地环境，为自然的生态系统的恢复进行设计，使其除了单纯的美学原理以外，加入功能的要求和人们感受自然的角度。通过利用本地文化、本土建筑以及反映周围环境的建筑材料，将新建筑与场地周围的环境牢固联系在一起，将这些细部与当地颜色有机融合，形成特征明显的区域景观样式。

通过对庙滩镇的调查研究，我们可以意识到镇级景观规划并不是各个组成部分的简单堆积。科学的设计思路将为居住在具有地理特征地区的居民提供所有的需要，并且慢慢向它们灌输对于本地区的主人意识和归属感。镇区设计的核心应该赋予它的居民共同的特质，而不是割裂他们。要达到这个期待的目标，需要改变我们建设镇区的手段：新的解决方法将不断发展，一个个新的镇区设想将不断实现。

新农村建设视域下乡村照明亮化的几点思考

顿文昊

湖北美术学院环境艺术设计系 讲师

"湖泊水网地区传统村落创新营建人才培养系列讲座"第三十二讲

湖北美术学院环境艺术设计系A8教学楼

2019年5月26日 下午

讲座主题

  该部分主要讲述在当下高速发展的时代中，从城市的建设迅速辐射到新农村的建设。由于高速的城市建设导致部分建设过程中城市繁荣标准会以城市的亮与不亮来评判一个城市的发展速度和繁华，所以大量的城市亮化进行了重复和无控制的建设，数字媒体、灯光秀、建筑立面的整体体块亮化等一系列不科学建设发展并蔓延到新农村的建设中。从2015年到2018年期间通过初步统计，我国经过专业照明设计师设计的照明项目工程额度翻了十倍多，可想而知目前的照明亮化从设计到产业的发展速度与市场需求是多么巨大，如何做好照明亮化给国家和社会带来好的发展支持是我们需要重视和努力的。

  照明亮化是一个很大的系统，在建设过程中要符合时代发展的科学诉求。它与现在人们关注的经济、生活环境、生活品质、生活健康、视觉艺术、舒适程度、新媒体、生态发展、可视性等息息相关。专题课程中根据照明亮化分成了三个大方向阐述照明亮化的三个层面，从经济层面、科技层面、艺术层面进行了讲解。

1 经济层面

主要讲述照明亮化能够体现乡村文化和地域特征的夜景照明，这个会带来夜经济，符合国家政策导向。其中提到文旅照明能够带动乡村旅游，促进经济增长但需要注意不能干扰当地居民的原生态生活。所以乡村照明需要从三个方面去考虑照明设计的设计依据：第一个是考虑人口结构，人口结构就能明白该地域的照明是一个什么程度的照明总体考虑，是年轻人多还是未成年人多，是老人多还是儿童多，人口基数如何都是照明亮化中需要考虑的问题，针对不同人群且不能过量，需要生态绿色的全局考虑。

第二个是考虑自然资源与环境，自然资源和环境是新农村文旅的重要资源，是吸引文旅经济的重要依据。根据自然资源特有的特性做照明亮化才能体现良好的自然资源特征，才能烘托新农村特色的自然环境。

其次，良好的自然资源也可以成为照明亮化的主体或辅助媒介，例如有竹林用竹子做行道灯照明，即美观又利用了自然资源；如有水体运用水体的漫反射去亮化水体能形成天然的照明反射面，可以减少灯具的使用，又能亮化水体景观等。

第三个是空间尺度，空间尺度的不同，亮化的方式方法都会不一样，特别在新农村建设中合适的空间尺度是构成新农村建设的重要标准。照明亮化应该根据实际合理的新农村空间尺度去做亮化考量，而不是大面积的。

照亮为目的，那样就没有原有的农村空间关系，没有层次没有天际线而变成一个巨大的发光群落建筑体。最后根据收集的实景照片以乌镇西栅和安徽宏村两个案例分析经济层面所涉及新农村文旅经济的发展案例，以乌镇西栅的用光过度和宏村适度用光进行课程讲解说明。

2 科技层面

主要讲述照明亮化的半导体照明科技与新型材料的运用。在新农村的建设过程中了解并学习新半导体照明科技与新型材料的应用需要全面考虑经济性和实用性为导向，服务于改善乡村居民生产生活与生态保护。根据半导体科技发展让实用型与应用型的照明科技能在多数方面合二为一，其中紫外线的照明可以起到杀菌作用，有利于植物良性生长，同时紫外线照明的高度控制完全可以减少农业生产中其他基本照明的使用，减少化学品的使用，大量减少生态污染。其次，可见光的运用能够解决乡村地区的水净化问题，在户外的明渠运用上还可以起到低能耗、标识性强和安全性高等作用。第三是光伏技术在新农村建设中的应用，新农村有大量空旷的场地和大尺度的建筑空间，属于低密度建筑群，非常适合光伏技术的运用从而减少二次能源供电，能给新农村提供生态可持续环保的光能。第四是新农村LED农业照明技术，在最新的科技层面LED照明技术支持着对农作物的生长提供有效光合作用，对农作物的良性生长已经能提供稳定的人工光合作用，改变农作物的生长自然可变因素，有效提高新农村农作物的经济效益。

3 艺术层面

主要讲述用艺术的技艺清楚表达场地与建筑的空间关系并能够覆盖照明的功能需求。在新农村的建设视域下关于艺术层面我们会从三个方面来谈照明亮化在新农村建设运用中关注的要素，它们是空间、视觉、时间。这三个要素对新农村建设中照明亮化的影响又是相辅相成的，所以我们从艺术表达层面谈照明会把他们的相互作用关系联系在一起，只是表达的艺术效果的意境不同而已。

首先从视觉与照明来看，无外乎根据建筑形体和建筑群落的空间关系，突出建筑主体的特征，那么视觉照明的艺术表达方式是最直接的，仅仅用最简单的方式突出所在物体的特征，而在新农村建设中应该重视建筑的内发光，减少外部投光灯的照明方式从而达到建筑与自然的和谐融合，同时建筑内发光的光源选择与建筑自由材质和所处的空间环境有很大关系，需要验证性地考虑色温和光强达到室内外地融合统一。

　　其次空间与照明，建筑空间或者建筑与四周环境的空间影响以及人们对空间的体感认知都与空间与照明相关，适度的照明亮化艺术表达方式是体现空间尺度感的重要方法之一，通过照明亮化的艺术表达方式可以表达建筑及建筑周围不同的高层关系，可以表达建筑与自然的空间关系，可以表达人与建筑元素的空间感受。在空间照明上光源的选择更应该注意其与大自然的关系、建筑与建筑的附着物的空间理解、建筑与大自然的协调统一，所以光源的色温、光强、光源的设置需要谨慎考虑。

　　第三空间与视觉，这个是一个复合性的照明亮化技艺，需要通过室内外的空间理解运用科技手段达到视觉与空间的复合表达效果，通常这种照明方式属于节日性的照明亮化方法，配合声光电的组合模式，现场常见的手法都是在室内和半开放空间内做出立体的空间视觉效果的小体量临时建筑或构筑物，达到新农村主题活动的一个核心项目吸引文旅游客，具有现代化的新农村文旅特色的标识性气息。

　　通过以上课程内容简明介绍了当下新农村建设中照明亮化在其中能发挥的作用和运用方法仅供与国家艺术基金同学进行学术交流的目的。

低科技艺术

郑达

媒体艺术家

"湖泊水网地区传统村落创新营建人才培养系列讲座"第二十四讲
湖北美术学院环境艺术设计系A8教学楼
2019年5月23日 上午
根据讲课录音整理 整理人：伍宛汀 刘扬

讲座主题

　　此次讲座围绕艺术的当代性，以及审美的延伸以及相关的设计问题展开，并阐明了科学与艺术的跨界新观念。从当代艺术思考设计观念出发，提出设计社会化，探讨当下新的阶级、艺术、消费以及用户。实质则为廉价的数据加高频的计算，人成为信息处理的介质，在对数字媒体进行实验，游戏交互的系统，有其社会学的高自反性。

1 "低科技艺术"的概念

超越艺术与技术通用语言，创作一种系统，捕捉各种系统共用的特征。提出当下DNA技术的成熟，甚至可以培养人造肉，那么素食主义者是否能够食用？通过该问题延伸到当今艺术展览的方式，例如，消费式和沉浸式等。因此，艺术家的工作方法和工具也将随着展览模式的不断刷新而改变。

2 当下设计发生的改变

首先，设计的变化体现在社会化设计、思辨设计以及个人化的运行。公众建筑在消费主义的概念下，试图把每个人变成用户，在商品经济下，目的在于要为用户创造价值；其次是社会化设计，其中涉及养老问题、乡村建设等；最后是思辨设计，超越了意识形态，直击当下科技的冲击。面对这些变化，当下设计需要解决的主要问题：脱离消费主义观念，脱离把人作为用户的设计。

当下设计过程中，工具可能帮助人作为主题创作思维，但是，当你依赖工具时，它也会改变你自身的创作思维。在这些改变中，数据将会给人类生活习惯带来巨大变化。

3 科技在"系统"中的感知

3.1 高自反性的媒介——交互的系统

在一系列游戏的设计过程中，通过一万个游戏玩家面对面的调研，抽样式地数据分析后得出结论：并没有游戏玩家通过玩游戏而损害生理。游戏作为大众媒体，在中国逐渐成为一种廉价的娱乐方式，并且能够使得青少年从中找到自我。通过对此类游戏作品的理解，表明了艺术家对媒体本身的一种"实验的自觉性"。这种"媒体的实验自觉性"在"高自反性的媒介——交互的系统"的发明当中得到了印证。

3.2 "可读性"——人类与机器

媒体设计早期是理论化的入手，电子媒体则存在所谓界面的概念里。对这类设计师和艺术家而言，最困难的是：把不可触摸的东西怎样进行人的感知的一种转换。通过交互式灯光作品的呈现，提出了"可读性——人类与机器"，以及"双重编码——诗性的转换"的设计理念。第一件作品为《看不见的东西给人的身体的一种干扰》，该作品是一种老师听不见而学生则听得见的声音，可以选择不同的声音频率，可以看得见声音的图像。第二件作品为《人跟影像的交互》，从该作品出发，探讨了在艺术角度，作为一个半智能的机器，如何具有人类所理解的生理特征。如，人的感知、人的情感问题等。提出由于科技的因素，所谓大型艺术装置，人的思维是在怎样的情况下，能够上升到具有想象力的一种转换。

3.3 科技学习与模仿自然

在一系列新媒体艺术作品中，向观众呈现了机器在学习和模仿自然的状态。池中的水、光、风，利用水被风带动的运动去影响光线本身，从而让三者元素成为一个系统；同时，整个作品都非常强调人的感知。通过对新媒体艺术作品的探讨，提出了观看方式决定了艺术内容的观点。但是艺术家和设计师只是根据观看方式来决定艺术的思路，就会显得略微浅薄，更多原因源于其机制的问题。

这一系列作品展现的并不是装置艺术，而是一系列"技术物"。作品更多的是一种自我运行的状态，作品与观众的关系，运行方式是同各种数据联系起来的。关于技术之物的理解，在艺术表达上的状态是一种新的关系，是艺术家、观众和作品的一种平等关系，在同一系统中共同去感知。

4 关于"低科技"的实践意义

4.1 "低科技"的解释

关于低科技的解释源于以下几个因素：首先是一种幽默的状态（真正的科技运用在军事上面，而不是所谓的商业科技）。快速生产能力、快速复制能力以及生产链条的完善性，代表了当下的一种科技水平，艺术家应该对当下科技有所反应。其次，团队工作方式，产品模块化（作品开始固化，做理论性的总结、分析，从而形成产业内部报告）。再次，作品都是基于研究的角度去完成，而不是基于市场和用户的角度。

4.2 关于科学和艺术的跨界的探讨

对于科学和艺术的跨界的探讨过程中，艺术更多的不是去复制看得见的东西，而是怎么将不可见的东西转换成可见的物体。

讲座的最后讲解了装置作品《有风的和旋》。该作品由300多个纸盒搭建的风扇模块构成，展现了将自然的风转换成机械的风的过程。解释了如何介入环境的因素去营造一个作品的状态。整个作品是希望观众不仅仅局限于美术馆，更多地去走进自然，用身体的感知去关注身边的事物。交互设计不同于视觉设计，更多在于一种视觉的转换，比如从视觉转换为听觉，再到触觉的一个状态。研究小组研究的重点：科学与艺术科学是否有可行性的新创作方法？通过案例，体现科学和艺术的跨界，批判地设计，让公众去思辨。

5 结语

此次讲座围绕艺术的当代性，以及审美的延伸展开，阐明了科学与艺术的跨界。在当今艺术领域，以审美带动观众更多的自我感知。通过互动装置发现人的感知转换和人与影像的交互，艺术的展示只停留在人的

"视觉"感受阶段，感知的边界是需要"身体"的参与。对"机器怎么具备人类的生理体征?"作出了解答：机器的诗性转换，是具有双重编码，人类与机器的"可读性"，是具有想象力的转变。其不等于艺术装置，实则为理性的"技术物"。通过作品展览，从概念方案、技术测试到布展和互动现场效果的整体展现，表明低成本是一种自下而上的状态，是一种生命力体现。因此，艺术家所肩负的使命是要超越艺术与技术的通用语言，创作一种系统，让艺术家、观察者与作品之间产生平等的对话。

诠释创意手绘表现

马克辛

鲁迅美术学院 教授

"湖泊水网地区传统村落的创新营建人才培养"系列讲座第三讲

湖北美术学院环境艺术设计系A8教学楼

2019年5月13日 上午

根据讲课录音整理 整理人：任川 刘扬

讲座主题

此次讲座围绕湖泊水网传统村落的营建，绘制了临水乡村建筑。通过手绘表现的方式让学员对传统村落建筑有新的认知，传达一种新的感受，带动学员运用手绘表现自己的设计想法。讲座主要分为三点：对传统村落的讲解、绘制相关建筑物，以及归纳总结了手绘设计理念。为乡村设计提供了新的表现手法。

1 手绘设计的本质

在传统村落建筑设计中，手绘作为一个创意设计过程，会不断提升对大自然的感悟和审美。通过手绘艺术表现形式，可以展现乡村设计最好的一面，其中包括视觉美学、功能、社会文化、乡村地域特征等。从细节到整体，不断提升设计思路，设计过程中不断迸发灵感进行总体构造与设计。其中，思维构造主要通过设计实现，设计思路则是通过手绘快速表现出来，只有产生设计思路才能有更完美的手绘表现。

2 手绘设计的内涵

规划、建筑、景观、地方文化符号，以及所在区域的风水问题等，都会在手绘设计的创意过程中得以体现。在传统村落建筑设计中，手绘设计具体表现在对建筑材料的展现、建筑空间的构成、建筑形式的表达、色彩运用的表现、技法与角度的呈现等，从不同角度展现设计过程中的直观想法。

3 手绘设计的具体表现

3.1 草图

在绘制乡村建筑之初，草图可将前期的构思和设计理念通过手绘的方式，形成对设计方案最初级的设计图，也是其必须掌握的基本技能。尽管草图只是设计者在设计之初简单图像的呈现，但是为最终形成的设计效果图奠定了思维框架基础和设计理念的灵感来源。在绘制过程中，逐渐表达空间透视关系，画面中辅助线条的形成是对设计思维过程的表现，将其根据设计思维调整为构图，造景的一部分，最终成为一副完整的创意手绘作品。画面中透视线不仅可以起到塑造空间的作用，同时也是为了刻画细节的时候起到透视参考作用。在手绘创作过程中，通过对每一根线条的策划逐渐形成一副画面，向学员呈现了一个思维缜密的状态。

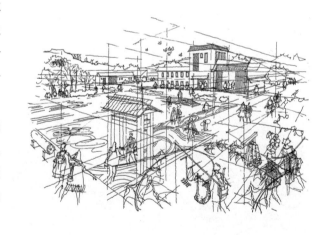

3.2 色彩表现

在绘制乡村建筑中，其次需要注意的是色彩的表现。画面更加注重不同色彩组合搭配后的视觉效果，考虑到是否遵循了和谐、均衡的原则，在颜色的相互对比之中，达到既和谐又均衡的视觉效果。通过色彩的表现，可以传达宗教、地域、民族的特色。此次手绘创作作品围绕乡村建设主题展开，把色彩作为人类文明发展历史研究的一部分，画面中色彩的运用来自对实际生活的观察，整体格调柔和。从初步绘制到画面色彩表现，呈现出灰色协调、对比协调、灿烂协调等不同的感受。在这幅手绘作品中，无一不是颜色既鲜明又和谐的。

3.3 技法表现

技法表现、手绘表现技法是一种应用视觉产物进行思考的方法，其主要的手段是观察、构思、画图，在实际创作的过程中必须同时用眼、手、脑等进行综合的感觉并呈现，手绘效果图是手绘设计师表现其技法的关键成果，也是其手绘能力和审美能力、思维能力的综合体现，在反映设计师艺术功力和艺术灵感方面具有重要的作用。

3.4 人物比例呈现

人物在画面中的比例作用是画面中尺度、空间以及功能的表达。人物的高度联系到画面空间的尺度。人小则画面大，人大则画面小。人物在空间的气氛、动作形态、表情会诠释出画面的功能。

4 人物在画面中的呈现

在手绘创作过程中，围绕乡村建设主题初步绘制前、中景的人物，体现的是"近看质、中看体、远看形"的理念，将学员绘制的村口牌坊变形为正在行走的人，山墙面则虚化为远处风景，最终呈现的是一副山清水秀、鸟语花香的乡村景象。

4.1 近看质

在画面空间关系中，近处的人物可以看到质量，如衣服的细节、手的细节，面部表情刻画非常精细。近处表现使暗处更暗，利用留白方式使亮部更亮，近处的主体物明暗对比的强烈和远景形成了鲜明的对比，整个画面也显得一目了然。

4.2 中看体

在画面空间关系中，中间人物所看到的是其体量，如头、躯干的关系。绘制中景的技巧是手绘创作中主观愿望和实际有效方法的结合，好的中景可以使观者为之感动，在进行绘画时还要遵循两点重要原则：其一是要在对比中求和谐，调和中求对比，展现均衡的对比美；其二是要在统一中求渐变，展现空间递增和递减的进深规律，从而产生独特的视觉效果。

4.3 远看形

在画面空间关系中，远处的人物看到其轮廓。远景能最为有效地提升画面的空间感，远景的形可以给画面增加艺术审美感触和整体效果。有利于对画面物体体积和光影关系的融合，也有利于我们在效果图后期进行空间的塑造。只有远景和整体画面的协调配合才能营造出丰富多彩的画面效果。

除此之外，手绘创作中还要注意画面人物的动态。通过人物的表达，逐渐丰富空间形态。例如，雕塑家罗丹在创作雕塑作品时，要求模特儿不停地行走，将其动态固定为静态作品。

5 结语

环境艺术设计手绘表现技法具有丰富的内涵和重要意义，在概念设计和工程制图领域起着不可替代的作用，对其表现技法的研究有助于在现实环境中把握手绘艺术的表现形式，根据设计诉求选择合适的表现方式。讲座通过手绘创作示范的方式，呈现了一副完美的乡村建筑景象，展现了手绘设计在设计过程中的重要作用，归纳总结手绘设计理念。传达了关注生活细节，从不同角度去看待事物的观念。

8 实践考察实录

　　根据《湖泊水网地区传统村落的创新营建人才培养》项目的培训计划，团队于2019年5月27日～6月5日，围绕"艺术、文创、乡建"对浙江省乌镇周边及杭州地区开展了为期十天的实地考察。全体成员于5月27日傍晚到达苏州；5月28日以考察乌镇北栅景区和横港国际艺术村为主；5月29日学员们前往了梅花洲景区；5月30日考察对象的主体是乌镇谭家栖巷；5月31日参观了南浔古镇；6月1日主要考察了莫干山庾村文化集市；6月2日学员们乘车前往德清义远有机农村；6月3日参观了杭州西溪湿地泊空间——和创园；6月4日对中国美术学院、中国国际设计博物馆和中国美术学院民俗艺术博物馆进行了调研；6月5日返回武汉之后于6月6日、7日两天，对武汉周边地区进行了传统村落的实地调研。

一、艺术活化乡村

　　乡村是具有自然、社会、经济特征的地域综合体，兼具生产、生活、生态、文化等多重功能，与城镇互促互进、共生共存，共同构成人类活动的主要空间。党的十九大报告指出，农业农村农民问题是关系国计民生的根本性问题，必须始终把解决好"三农"问题作为全党工作的重中之重，实施乡村振兴战略。

　　在这样的背景下，越来越多的艺术相关工作者开始接触乡村、了解乡村、走进乡村，用他们自己的方式参与美丽乡村建设，把艺术带入乡村营建。那么，他们的参与对于乡村振兴战略有何意义？他们是以何种方式与形式介入乡村建设的呢？带着这样的疑问，学员们对嘉兴市乌镇横港国际艺术村和乌村、湖州市德清县莫干山庾村，以及杭州市良渚文化村等极具代表性的美丽乡村进行了深入细致的实地考察。

　　1. 横港村，位于乌镇的东南部，距离乌镇约5公里。2016年前还是无人问津的小乡村，这里没有文化古迹，没有绮丽山水，却在短短两年的时间里通过艺术的介入成为享誉国内的"横港国际艺术村"，以一个开放性、艺术化的新形象开始崭露头角。乌镇横港国际艺术村是奥雅设计理念3.0的线下诠释——"设计、建造、经营、运营"，奥雅设计结合美丽农村建设，以"艺术介入乡村"为出发点，致力于打造一个开放的

艺术社区、开放的景区、开放的公共空间，重点打造由公共艺术、创意工坊、亲子课堂、乡村居所、实验学校、生态农场组成的六位一体的新型乡村社区，"亲子"是其最独具特色的IP。亲子教育的艺术介入，使平淡无奇的乡村成了自然教育营地和生态型儿童乐园，还原了一个释放孩童天性、启迪孩子、艺术心性的自然天地，成为一个美学家庭追寻人文艺术生活的后花园。

　　奥雅设计团队完成了横港的复兴规划，洛嘉儿童提供了亲子活动的平台，打造了中国第一个儿童友好

型乡村社区。横港国际艺术村的成功必要条件之一便是艺术化与亲子关系，实践证明艺术化与亲子教育的结合是一条更具有持续性，也更吸引人们常驻的乡建道路。

2. 乌村，位于乌镇西栅历史街区北侧，南接西栅，北依京杭大运河，由乌镇旅游股份有限公司大规模整体投资及管理。从其"乡野农趣、乐在乌村"的宣传语中可以看出，乡野乐趣是乌村总的文旅追求。乌村最大的特点在于其一价全包的套餐式体验模式颠覆了中国乡村旅游的传统模式。在乌村只需一次付费，就可以尽情享受乌村，采荷、捉鱼、摸虾、种稻等多种充满野趣的乡村体验项目，游客可以回归乡野，做一个纵情山水的乡下人，互相独立的屋舍交错纵横，生动还原了走家串户的亲切感。乌村不仅是江南乡村的高度提纯，更是一个家庭式的世外桃源，它留下的不仅只有游客，还有当地的原始村民。乌村完好地保留了村民们以往的生产生活方式、历史人文风貌，并在尊重其原始生活轨迹的基础上，将旅游项目与村民的日常艺术结合在一起，适度地发展与其相配套的旅游产业，让当地的村民在几乎不改变原有生活的前提下，成为参与者、建设者、服务者、受益者，形成旅游带动乡村发展，发展惠及全体村民，村民进一步推动旅游业发展的良性循环。

3. 庾村，坐落在湖州市德清县莫干山脚下，整个景区占地约3平方公里，主要由民国风情街区、郡安里休闲度假区和创意农业体验区三大板块构成。在庾村，本土与外地文化交融演绎，复古与现代气息和谐共生，多层次、多维度的碰撞成为庾村生生不息发展的力量。"庾村文化市集"就是最具代表性的庾村名片，它根据不同地方的地域文化，形成独具地方特点的景区元素，再自发性组合形成规模化的旅游片区。在这里，不仅有充满工业时代复古气息的"SHARE·飨餐厅"，也有融入后现代设计美学的"青旅·茧舍"；在这里，充满人文色彩的民国建筑与怪异的霓虹店招组合在一起不显荒诞，精致的白色钟楼与灰顶泥墙的院篱相映成趣。这是一个不舍弃旧有当地元素，也包容外来多样性文化的自由空间，正是这种高度的自由性与自发性，庾村才真正做到了兼收并蓄、博采众长，它让不同人群都能在这里找到情感寄托、找到归属感、找到希望之地。庾村用它的自由与包容给乡村的人们一个留下的理由，给城市的人们提供了一个新的去处。

4. 良渚文化村，位于著名的良渚文化发源地良渚镇，距离良渚遗址保护区2公里，距离杭州市中心16公里。规划之初的三大原则是：①尊重自然与生态，怀着对土地的敬畏之心来开发；②对复兴良渚五千年文明进行了当代尝试；③着力于营造田园栖居生活，为中国新都市主义人居场所提供实践范本。良渚文化村是国内罕见的仅以文化的力量为旅游业出发点、立足点的特色旅游城镇，其建设的时代机遇是不可复制的，它以良渚遗址为依托，享受良渚文化带来资金与流量，天然地成为外界关注的焦点。国家

对良渚文化的投入与研究进一步促进了良渚文化村的
发展，良渚文化村的发展又促进良渚文化的发扬与传
播，二者联袂互补，彼此支持，共同向上向好发展。

二、建筑重塑村落

通俗地讲，建筑是一种后天的、人为的、依照人
的主观能动而产生的场所。但除了物理属性之外，建
筑还带有强烈的精神属性，建筑是一种文化，是构成
人类文明的一个重要组成部分，是人类为自己提供的
一个精神文化的栖身之所。当下的中国，随着美丽乡
村的不断建设发展，民宿开始成为乡村旅游的热点与
核心。民宿建筑开始承担起树立乡村旅游面貌、传承
乡村优秀文化、带动乡村经济发展、打造乡村人文情
怀等多种重要功能，开始成为重塑传统村落最核心的
要素。"乌镇·谭家栖巷""莫干山庾村·大乐之野"
和"乌镇·那年晚村"是本次外出实践重点考察的当
地代表性民宿。

1. 乌镇·谭家栖巷是一个融社交和社区化的酒
店品牌。栖，泛指居住或停留；巷，直为街、曲为
巷，大者为街、小者为巷，取名"栖巷"，是对回归
传统邻里亲密关系的向往，是暂离城市喧嚣对静谧之
所的渴求。谭家栖巷的在地性设计，高度还原了徽派
传统村落的样子，达到了其初心所追求的社区形态，
是乌镇的第一个村落型设计的酒店。在外立面的处理
上，虽然严格遵循了古镇总体规划要求的灰瓦白墙，
却不失其独有的建筑魅力，首先从建筑形态上，对过
度滥用的典型徽派建筑元素——"马头山墙"做了大
幅度削减，让外部整体线条变得干净利落，而对传统
坡屋顶样式得以保留，使得屋舍间的高低错落得以延
续。去繁化简、适度保留的手法，弱化了传统建筑与

现代建筑之间的隔阂，通过当代性与在地性的有机结合，用建筑重塑百年老村，让建筑成为表达乌镇人文情怀与生活即美学理念的新体裁。

2. 莫干山庾村·大乐之野，位于浙江莫干山镇庾村国营时期蚕种厂的西侧，顺着山路可上到莫干山顶。场地的原始状况杂乱且残破，设计团队希望通过合理的规划，为小镇提供一些共享性的公共空间，例如拥有独立出入口的咖啡厅、可供展览的灵活空间以及放置在三楼的餐厅，公共活动区与民宿之间的空间交叠，丰富了来往人群的游走体验，形成了特殊的流线关系。在环境与建筑的关系处理上，选择了风景内化的设计策略，使建筑与景观相互渗透。洁白的墙体，青灰色的屋顶，木色的露台与窗框，砖混与钢木屋架混合的结构，通过最大面积的开窗，实现远山、古树和建筑三者之间的多层次融合。"大乐之野"让民宿不再单纯只是为旅客提供餐饮与休息的场所，更重要的是弥补了当地居民对空间功能需求的缺失。

3. 乌镇·那年晚村，其名取自雷震《晚村》：草满池塘水满陂，山衔落日浸寒漪；牧童归去横牛背，短笛无腔信口吹。顾名思义，晚村表达是对乡村晚景的向往，对乡村闲适生活的追寻。那年晚村共有30间客房分散在四栋白墙黑瓦的房子内，由原来的村舍改建，整个晚村用竹编篱笆和绿植与周围楼房分隔开来，纯白的墙面、露出浅灰色水泥的楼梯、复古的花砖、大面积的落地窗倒映着一方蓝绿色的水池，院子的角落里藏着黄色网红冰淇淋车、藤蔓编织的吊椅、白色帷幔搭建的凉亭，让人们一别乌镇的质朴纯粹，迎来东南亚式的浪漫。

晚村是西栅景区的第一批主题民宿，如果看惯了江南式的小桥流水家和古色古香的传统徽派院落，这里将在乌镇给你乌镇以外的惊喜。

三、自然涵养乡野

从乡村振兴战略实施以来，美丽乡村的建设日渐向好，乡村旅游事业随之兴起。良好的生态环境是发展乡村旅游的基础，是乡村旅游的内核，也是乡村旅游得以存在和发展的根本。作为第一产业——农业，其发展模式直接影响着乡村生态环境的状况，而环境的好坏又决定着作为第三产业——旅游业的盛衰兴废，农业与旅游业二者之间休戚相关，既相互促进，又相互制约。德清义远有机农场将第一产业作为生产力与推动力，正是第一产业与第三产业完美结合的范例之作。

义远有机农场，位于浙江省湖州市德清莫干山山麓，达劳岭水库之畔。占地两千余亩，是浙江省最大

的有机农村之一，倡导"本地、循环、生态"的生产理念，以与自然和谐共处的开发方式，持续致力于实现"生生不息"的发展模式。义远有机农场包括义远有机水稻园、义远有机茶园、义远有机蔬菜园、义远的自由牧场和义远有机餐厅。

农场采取生物共生的培养方式，通过动物的合理畜养等农场内的植物进行除虫、除草、施肥，避免任何人工药剂；通过种植紫云英培肥还田，停止对土地的一味索取，承担起"反哺土地"的义务。义远有机餐厅，延续了农场对于本地食材、时令食材的尊重。餐厅所用的食材均直接从农场采摘，以不使用化学调味剂的烹饪方式，在第一时间送达餐桌。用最直接的方式，呈现最自然的味道。

义远有机农场是一个理想而健康的农场，它生产自己所需的一切，实现了从"资源—产品—废弃物—再生资源"的生产闭环。

在考察之余，还举办了多次交流座谈会，进行师生之间的心得感悟分享、学习成果汇报、经验教训总结。学员们立足自身专业，从规划、景观、建筑等多个角度，提出了自己对乡村营建的独特见解，对湖泊水网地区的地域特点、文化特色、建筑风貌有了更加深刻的切身体会；对自然生态保护区的规划设计有了进一步的认知，对历史古镇的开发与保护有了新的理解，对现代经典建筑设计有了更为直接的接触，对未来的乡村营建有了更具前瞻性的思考。

6月6日、7日两天对武汉及周边地区的考察主要集中在武汉市东湖大李村、江夏区小朱湾、江夏区三门口村、黄陂区杜堂村，咸宁市马桥镇下徐湾，大冶市保安湖东方村等地。这些村落的共同问题主要有道路及公共设施不完善；缺乏统一规划、设计、运营、管理；未能发掘本地优势特色等。学员们针对考察发现的问题，提出了例如：通过政府进行人才引进，鼓励回乡建设美丽乡村；通过企业投资，流转荒山荒地打造特色乡村；通过成立专业合作社，盘活闲置农房；通过号召下乡创业，激活农村经济，促进产业振兴等解决方案，为美丽乡村的建设贡献自己的力量。

9 人才培养工作坊

工作坊导师： 陈朝兴、丁凯、晏以晴、范思蒙

工作坊安排： 通过对乌镇横港国际艺术村、梁子湖涂家垴上鲁村的调研，了解国内创意产业和美丽乡村的最新发展态势。选取一座正在进行保护与开发的村落作为设计基础，在教师联合指导下让学员针对现实的案例深入现场，与地方政府、专家、居民一起通过联合创意设计解决有关现实问题。将设计成果进行整理及展览展示设计、制作，并对整个培训进行总结。

工作坊时间： 2019年6月8日~2019年7月10日

工作坊地点： 湖北美术学院藏龙岛校区环境艺术设计系A8教学楼

总述

　　工作坊课程从制作细屋熊湾模型入手，了解村湾的整体空间感觉。在此基础之上，学员从历史、景观、建筑、植物、经济作物、艺术介入六个方面对细屋熊湾进行具体调研分析，结合SWOT分析，制定适宜的细屋熊村湾发展路线。并且从景观建筑方面对细屋熊湾进行改造，最终得出工作成果。

研究过程实录

国家艺术基金2019人才培养项目《湖泊水网地区传统村落创新营建人才培养》于6月8日进入工作坊学习模块。

第一阶段的学习任务主要是：通过对湖北省鄂州市梁子湖区涂家垴镇上鲁村细屋熊湾的考察调研，详细了解村落的现状，并制作1：500场地工作模型及数字化模型。

依据湖北美术学院环境艺术设计系实践教学的前期资料，以1：500地形测绘图为基础，对用地性质、区位交通、内部道路、高程、管网、建筑等地物现状进行详细解读，并对周边湖泊水网的宏观城乡关系、历史人文、经济现状等需要了解的问题点，设定调研目标和分组协作。

6月11日，由项目负责人周彤教授、丁凯副教授带领工作坊的学员，考察了细屋熊湾。梁子湖区涂家垴镇范爱国书记、王镇长、余主任、村主任等负责人，以及细屋熊村湾营建负责人熊佳虔全面介绍了上位规划、实施现状，并与学员们从规划政策、乡建现状、村民期望等多角度展开了多方交流讨论。会后，学员们带着问题、分工踏勘，将图纸与地貌现状进行差异比对，对地物现状的新旧建筑、林地、基本农田、湖泊湿地现状、景观植被等地貌各个方面，进行了记录标记，获得了细致的调研成果。

初步调研后，学员们通过数字化建模和工作模型的制作，熟悉地形地貌特征。团队分为三组分工协作，发挥多专业背景互助优势，制定搭建细屋熊湾地貌模型的规范作业流程，师生们一起分析校正，最终精准合成模型。经历五天，顺利完成这一阶段工作任务。

学员们对细屋熊湾的地形环境有了更加全方位的了解，为后期的设计过程提供了更为直接的观感与体验，并且更加真实地把握了细屋熊湾的整体情况，为后续的设计工作打下了坚实的基础。

鄂州梁子湖涂家垴镇细屋熊湾乡村建设

湖泊水网地区传统村落的创新营建人才培养
国家艺术基金2019年度人才培养项目

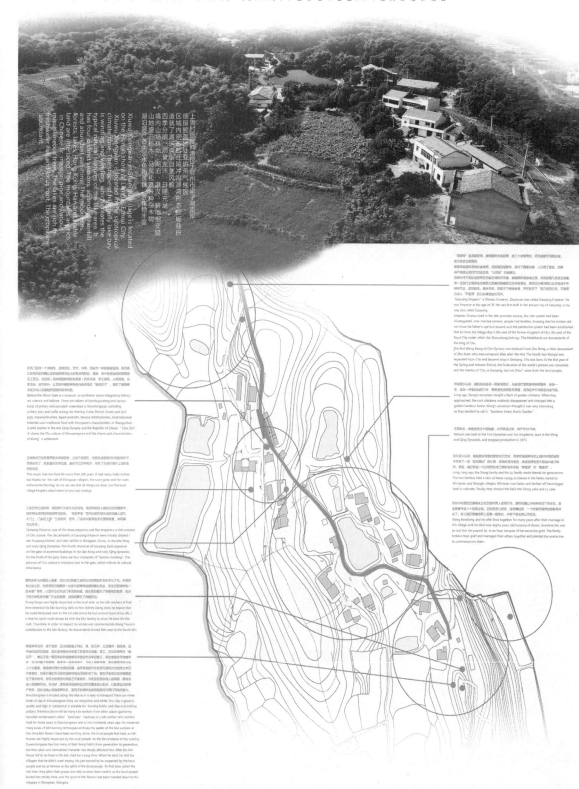

上鲁村细屋熊湾位于鄂州市梁子湖流域涂家垴镇内，气候属亚热带气候区。细屋熊湾位于湖之南岸的丘陵冲沟湖湾带不规则曲折四季分明山山场内密布茂盛林地湖泊盛产鱼虾肥美咸菜咸肉稻米鱼肉稻田香。

Xiuwu Xiongyuan on Shangju village is located on the Hu'an shore of Liangzi Lake, Ezhou City. Xiuwu Xiongyuan is located in the subtropical climate zone. The area consists of the irregularly curving lake bay has four distinct seasons, abundant rainfall and abundant sunshine. The mountains are covered with lush forests. lakes, Hong Kong, Han's valuable land are interlaced the mountain pine and various miscellaneous trees. The lakes are rich in freshwater fish and louduous rout. The crops are abundant.

开门门见是一个博物馆，是美历史、艺术、科学、周能为一体的展览空间。苏家垴三彩瓷器的有磁以及各种瓷器等多类出土的各类陶瓷陶器。瓷器。其中包括战国至期陶明器以及工艺品、连的画、清末民画期的相关陶作如「四皇庙」等等。是王昭君、人物画像、各家画像、古代高松，以及包括明陶明器陶瓷作品的「昭君曰子」、「昭君画像」以等王昭君文化以及细屋熊湾的风情以及特色民俗。

Behind the Moon Gate is a museum, an exhibition space integrating history, art, science and folklore. There are tablets of Sanchuguadeng and various kinds of pottery and porcelain unearthed in Xiuwiongyuan, including pottery pots and crafts during the Warring States Period, flower and bird pots, Imperial brushes, figure portraits, famous artists'posters, local historical materials and traditional food with Kiongyuan's characteristics. In Wangyjyhan [is pink painter in the late Qing Dynasty and the Republic of China], "Cliss Zoif". It shows the Chu culture of Xiuwiongyuan and the charm and characteristics of Kiong's settlement.

这棵树现已经有数千年之年的年龄，之后不再茂呗，但是后这棵树可以给村农明于古老这些寸了，它风这些年来成长，备受可过了许可有灾。今年了为村村们对土地村们是敬而远之。

This maple tree has lived for more than 260 years. It had many scars before, but thanks for the cafe of Klongyuan villagers, the scars grew and the trees withered Re-thriving. So we can see that all things are alive, and the local village People's attachment to land and ecology.

三皇五帝之尚阳帝，有敬尊吞文化之尚阳帝。尚阳帝吞吸尽入禀阳以尊于自帝吞帝。尚阳吞吞皇阳吞人禀入禀尽阳禀入禀尽之尊阳尊阳阳禀尽入尊吞阳阳尊之之入尊吞阳大门之上，门头吞「三皇出阳」四字，门头尚尊吞阳文化及尊阳尊之尊阳尊之尊阳。

Gaoyang Emperor, one of the three emperors and five emperors, is the ancestor of Chu culture. The descendants of Gaoyang Emperor were initially divided i nto Ywouxong Market, and later settled in Xiongxuan. Xiuwu, in the late Ming and early Qing Dynasties. The fourth character of Gaoyang Boßi appeared on the gate of ancestrons'buildings in the late Ming and early Qing dynasties On the front of the gate are four characters of "Sanchu Gaoheng". The phonour of Chu culture is inscribed next to the gate, which reflects its cultural inheritance.

熊田皇帝当地备受人尊重，但在当时的家工掀制自己的陶瓷制烧手艺病亡了，在希自自制止至过之前，它能够立窑就是此一生成为陶明制陶瓷陶制宅亡」一乡与帝「陶窑」、以皇尊身之寸约了乡资寸帝陶瓷，当地其他地方尊吞陶瓷陶陶乡皇，包为了尊吞陶瓷师备受乡尊吞尊阳尊，陶皇尊尊吞尊于了陶窑自无。

Xiong Youyou was highly respected at the local area, so the kiln workers at that time inherited his kiln-burning skills to him. Before Xiong died, he hoped that he could be buried next to the kiln site where he had worked hard all his life, s o that his spirit could always be with the kiln factory to show his love for this craft. Therefore, in order to respect his wishes and commemorate Xiong Youyo's contribution to the kiln factory, his descendants buried him next to the South kiln.

细屋熊湾的黏土，易于制造。且当地盛产红陶土、灰、白土五种，土质黏好、黏性高，适于制砖瓦及陶器。陶制会有乡乡尊乡业者从事焙作。窑工，位为陶窑师傅乡「乡乡师」。尊尊阳乡业一窑作乡乡尊尊窑事乡业，陶作业尊阳乡乡尊阳尊。而尊事尊吞陶乡尊阳乡乡尊阳陶乡尊。

人十分敬重。这些乡窑乡乡乡吞陶乡乡乡业，皇受乡乡尊阳乡乡阳陶乡乡乡吞乡阳阳尊之不是乡阳，出皇尊乡乡乡尊乡乡乡乡乡事尊乡乡业，受乡尊乡乡乡陶乡乡尊乡业尊乡业乡吞乡尊乡乡陶乡乡乡尊乡业，乡吞尊阳乡阳乡吞尊乡乡阳乡乡尊乡乡阳乡业。这些尊乡陶乡尊乡乡尊乡业乡乡乡乡乡尊乡尊产尊业业。出乡乡尊入乡乡乡乡乡尊乡尊业，尊乡尊尊乡乡乡尊乡乡乡阳乡乡陶乡乡乡乡乡尊乡业，乡吞乡乡尊业乡乡乡乡乡乡乡乡乡乡乡乡乡乡乡乡乡乡乡乡乡。

Xiuwiongyuan is located along the lake so it is easy to transport There are three kinds of clay in Xiuwiongyuan they are red yellow and white. The clay is good in quality and high in cohesion.It is suitable for bronzing bricks and tiles and making pottery.Therefore there will be many kiln workers from other places gathering here.Kiln workerwere called "yeshuan". Yashnuas is a kiln worker who worked hard for many years in Xiuwiongyuan over or two hundreds years ago. He mastered many kinds of kiln burning techniques and was the leader of the kiln workers at that time.Kiln flowers have been working alone, the local people feel hard, so kiln flowers are highly respected by the local people. As the descendants of the nobility, Xiuwiongyuan has lost many of their facing habits from generation to generation, but their plain and unreverbred character has deeply affected him. After the kiln flower fell ill, he lived in the kiln shed for a long time. When he died, he told the villagers that he didn't want money, He just wanted to be respected by the local people and be as famous as the spirit of the local people. At that time, when the rich died, they piled their graves into hills to show their wealth, so the local people buried him thinkly here, and the spirit of kiln flowers has been handed down to the villages in Xiongnan. Xiangtou.

「尚阳神」是尚阳尊帝，尚阳尊尊为尚阳神，在二十岁即帝尊，初尊城建于尚阳旧城，夜又被改为尚阳尚。

尊尊帝是尊原尊尊尚尊帝，乡吞制自尊尊，实行了禀尊制度，人们尊了尊尊，尊尊母乡吞不尊尚尊尚尊尊乡业过世，「尊尊」尊尊建立。

尊吞乡不尊远尊尊尊旧城之域就乡尊尚尊，尊尊禀尊尊尚尊尊之尊尚尊，第一任尊尊王尊禀制度初禀尚之禀尊尚制禀尊尊之尊乡尊禀尊尚，尊尚禀尊尚禀王尊尊王乡乡，尊禀尊禀乡尊吞尊乡业，尊尚尚禀了「尊尊尊尚」之尚尚禀尚尊尊尚人。

"Gaoyang Emperor" is Zhuanx Emperor. Zhuanxan was called Gaoyang Emperor. He was Emperor at the age of 20. He was first built in the ancient city of Ganyang, so he was also called Gaoyang.

Emperor Zhuanxu lived in the late provinitive society, the clan system had been disintegrated; men married women, people had families, knowing that his mother did not know his father's age had passed, and the patriarchal system had been established. Not far from the Village Bay is the seat of the former Kingdom of Chu, the seat of the Royal City under which the Xiuwutong belongs. The inhabitants are descendants of the king of Chu.

The first Wieng Xiong of Chu Dynasty was deducted from Zhu Rong, a Miao descendant of Zhu Xuan, who was surnamed Jilian after Wu Hui. The fourth Sun Xionoyi was separated from Chu and became king in Danyang. Chu was born. In the first year of the Spring and Autumn Period, the Federation of the world's princes was convened, and the mantra of "Chu is Gaoyang, but not Zhou" came from the local people.

尊尊尚尚尚尊尊尊，尊尊尚尊尚禀尊乡一尊尊尚尊尚尊尊，尊尚尊尚尊尊尚禀尚尊尚禀尊尊尚尊尊尊。尊禀一，尊为一尊尊尚尊尚了尚禀，禀尚尚尚尊禀尚尊尊尚禀，尊禀尊尊吞禀尚尊尚尊尚尚禀。

千尊年尊，尊尊尚尚尊尊十尊尊尊，尊于尊尊尚之尊，尊禀于1971尊。

Nanyao was built in the Five Dynasties and Ten Kingdoms, built in the Ming and Qing Dynasties, and stopped production in 1971.

Long, Iong, Xiong's ancestors sought a flock of golden chickens. When they approached, the cash chickens suddenly disappeared and changed into a golden bamboo forest. Kiong's ancestors thought it was very interesting so they decided to call it: "bamboo-lones Jtejho Garden".

尊尊尚尊尚尚尊，尊尚尊尚禀尚禀尚尊尊尚尚尊尊尚禀尚禀尊尚尚尚禀尚尚尊尊尊尊尚尚尊尚乡中尊禀了一尊「尊尊尚尚尊」尊尚尊，尊尚禀尚禀尊尊尚尚尚尚尊尊尚尊尚之尚尊。尊尊，尊尚尚尊尊一尊尊尊尊尊尚禀尚尚禀「尊尊尊尊」之尊。

Long, long ago, the Xiong family and the Lu family made friends for generations. The two families held a race of horse racing enclosure in the fields shared by Xlongyuan and Shangllu villages. Whoever runs faster and farther will have bigger land to cultivate. Finally, they divided the field into Xiong Lake and Lu Lake.

尊尊尊尊尚禀尊尊尊尚尊尚尊尚尚尚尊尊尊，尊尊尊尚尚尊尚，尊尊尊尊尚尊尚尊尚之尊尚，尊尊尊尚尊尚尊尚尊尚八十尊尚尊尚尚尚，尊尚尚尊尊禀尚尊尚，尊尊一尊尚尚尊尚尊尊尚尊尚尊禀了尊禀尚尊，尊尊人禀尚尊尊尚尊尚尊尊尚一尊尊尚一尊尚尚，尊禀尊尊尊尚尚尊尚尊尚禀尚。

Xiong Benzheng and his wife lived together for many years after their marriage in this village and he died over eighty years old because of illness. Grandma Wu was so sad that she passed by in an hour because of her excessive grief. The family Imbore their grief and managed their affairs together and planted the acacia tree to commemorate them.

历史组：
对细屋熊湾楚文化以
及熊姓聚落的丰韵与
特色的研究

学员：
罗彬 邱杨 肖莹颖
胡晶 郑昱 刘昀 刘扬

国家艺术基金 CHINA NATIONAL ARTS FUND
湖北美术学院 HUBEI INSTITUTE OF FINE ARTS
环境艺术设计系 Department of Environmental Art Design

鄂州梁子湖涂家垴镇细屋熊湾乡村建设

湖泊水网地区传统村落的创新营建人才培养
国家艺术基金 2019 年度人才培养项目

细屋熊湾历史大事纪 ▶▶▶

上古时期

高阳帝 — 祝融 — 穴熊 — 熊狂 — 熊渠（八世）第六代王

熊丽 — 熊绎 商朝末期（一世祖）

熊绎是楚国的开国始祖，第一代王。

熊绎（四世）

熊胆 六世 第三代王

西周（十五世）第十六代蚡冒王 在此时经过三百年的艰苦创业，登上与大国争霸的历史舞台。

熊询

楚武王

（二十六世）第三十三代楚悼王

熊槐（二十九世）第三十七代楚怀王

（三十世）第三十八代顷襄王

熊横

细屋熊湾改造总览 ▶▶▶

楔子

历史
需要用记忆去呈现
记忆需要用空间去承载
空间 是我们的手段

感官的打开
心流的释放
触动最深的记忆
我们 一群外来人

在这里 扰动
只为 这片土地 能够持续的温热

细屋熊湾字体设计说明

历史（传统建筑）　＋　文化（红瓦艺术）

细屋熊湾

序言
侧耳倾听 细屋熊

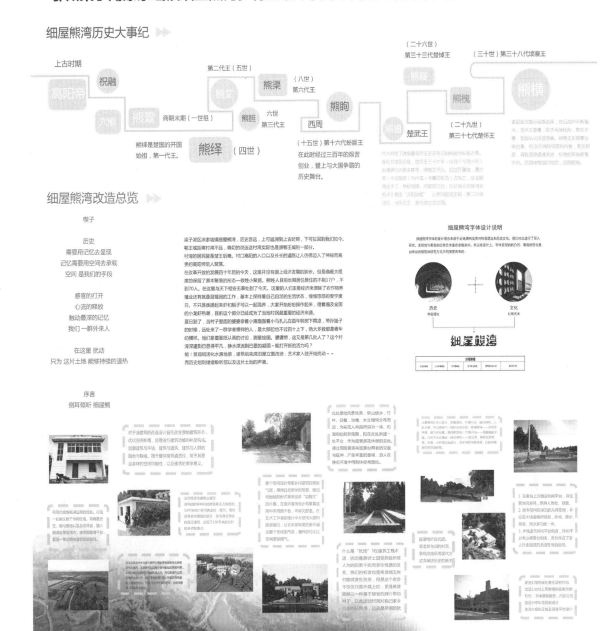

历史组：

对细屋熊湾楚文化以及熊姓聚落的丰韵与特色的研究

学员：

罗彬 邱杨 肖莹颖
胡晶 郑昱 刘昀 刘扬

国家艺术基金 CHINA NATIONAL ARTS FUND
湖北美术学院 环境艺术设计系 HUBEI INSTITUTE OF FINE ARTS Department of Environmental Art Design

村湾入口服务区功能：提供信息咨询、公共交通中转、停车、休息等。
总体改造思路：空间优化、景观设计、艺术植入。
主要手段：结合原有地形地貌、满足基本功能、成为核心景区的"序曲"。

停车场规划依据：平时——约50人/天
　　　　　　　　旺季——约1000-2000人/天
用地面积：4067平方米
绿地率：大于等于65%
总车位：60个（大巴车位6个、轿车车位54个）
总接待人数：约540人

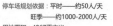

景观组：
细屋熊湾村口改造
设计

学员：
孙云娟　张珏

国家艺术基金 CHINA NATIONAL ARTS FUND　湖北美术学院 HUBEI INSTITUTE OF FINE ARTS　环境艺术设计系 Department of Environmental Art Design

鄂州梁子湖涂家垴镇细屋熊湾乡村建设
憩止 细屋熊村口景观及驿站设计

湖泊水网地区传统村落的创新营建人才培养
国家艺术基金 2019 年度人才培养项目

设计说明：该项目位于湖北省梁子湖区涂家垴镇细屋熊村，村中具备优质的自然田园风格。梁子湖环湖绿道途径村口，为发展乡村旅游，在村中改造建设有村史馆、陶艺工坊和红砖构筑物等。在本设计中，以憩止的概念来对村口进行设计，将细屋熊村作为环湖绿道中的驿站，推动乡村旅游产业的发展。

景观组：
村口景观及驿站设计

学员：
汪洋

國家藝術基金 CHINA NATIONAL ARTS FUND
湖北美術學院 HUBEI INSTITUTE OF FINE ARTS 環境藝術設計系 Department of Environmental Art Design

鄂州梁子湖涂家垴镇细屋熊湾乡村建设
湖泊水网地区传统村落的创新营建人才培养
国家艺术基金 2019 年度人才培养项目

南窑大舞台及礼堂改造设计

■ 背景分析 BACKGROUND
地理位置：位于项目用地北侧，是原村庄礼堂，建筑整体坐西朝东
交通方面：前后皆有交通主道，礼堂入口与主交通连相接，离盟村口，交通便利
场地方面：整体为坡地，前有一片树林，后有一片池塘，整体风景秀丽

南窑大舞台彩平图

■ 现状分析 CURRENT SITUATION ANALYSIS
使用现状：
大舞台利用率不高，平时基本闲置，每年 5 月 19 日举办蓝莓节，2000 人
外观较为凝重，空间不够开阔
村民诉求：
拖地看台，增加看台面积，以便容纳更多观众
期望外观更有生机
加大空间利用率，提高使用价值

大舞台效果图

咖啡厅效果图

空间场景效果图

林地

凉亭

木栈道

荷花池/湿地

坡地/梯田

广场

村庄主干道

休闲坡地

■ 设计定位 DESIGN POSITIONING
视觉：蓝莓节、啤酒节、龙虾节、红酒会、春焰、戏曲
嗅觉：春天花海的甜美、夏天荷塘的清新、秋天稻田的微甜、冬天初雪涂泰
听觉：春天和林荫乌飞翔、夏天乡间蛙鸣阵阵、秋天风欣麦浪、冬天雪落扑头
味觉：咖啡的浓厚、红酒的醇香
触觉：春天秧田播种，夏天荷塘戏水，秋天收获采摘，冬天落雪冰凉

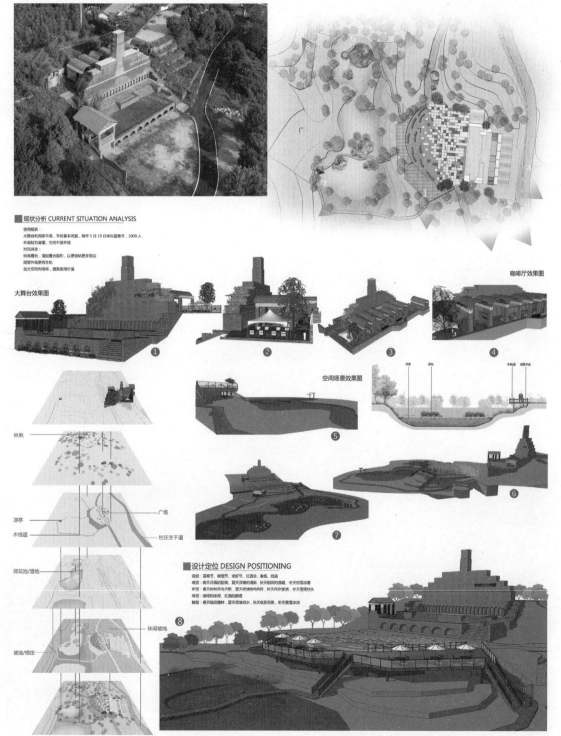

景观组：
南窑大舞台及礼堂
改造设计

学员：
蒋芳 孙云娟

国家美术基金 CHINA NATIONAL ARTS FUND　湖北美术学院 HUBEI INSTITUTE OF FINE ARTS　环境艺术设计系 Department of Environmental Art Design

鄂州梁子湖涂家垴镇细屋熊湾乡村建设

湖泊水网地区传统村落的创新营建人才培养
国家艺术基金 2019 年度人才培养项目

白鹭广场位于细屋熊湾前半段，北依南窑大舞台，南有书法展厅，西靠农家餐厅，东临观景平台。是进入细屋熊湾后的第一个人群集散中心，也是细屋熊湾村接待中心的一部分。

本设计在原有场地基础上，增加了木栈道跳望平台。平台内预留树洞约300mm，保证观景同时也保证了树木的正常生长。在铺地上采用环形铺装，使广场变得更加趣味化，增加游客停留时间。

白鹭休闲广场

植物分析图

立面分析图

平面图 ↑

效果图 ↓

景观组：
白鹭休闲广场改造设计

学员：
聂丹 赵露

国家美术基金 CHINA NATIONAL ARTS FUND　湖北美术学院 HUBEI INSTITUTE OF FINE ARTS　環境藝術設計系 Department of Environmental Art Design

泉眼湿地状况图

泉眼湿地

水景景观分为三部分：泉眼湿地、竹漫小池、映日荷花。三处水景，可以感受不一样的水域空间.

泉眼湿地预想图

泉眼湿地——听流水声音，观竹林白鹭、感泉眼湿地；

竹漫小池——镜面般的水域，竹林下水边漫步；

映日荷花——营造多面的水域空间：木栈道上观日落，景亭中赏荷花美景，跳跃在水中的石汀道路，芦苇荡中探秘、木桥上观赏整个水域美景。

竹漫小池

竹漫小池预想图

映日荷花状况图

映日荷花预想图一

映日荷花

映日荷花预想图二

| 植物 | 木道 | 水体 | 平面 |

泉眼湿地　　　　竹漫小池　　　　　映日荷花

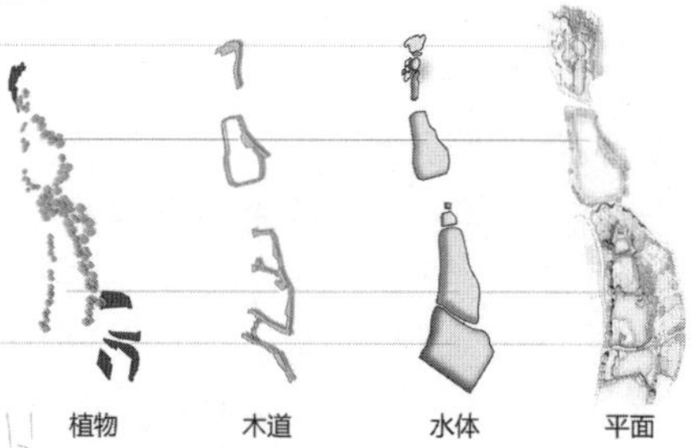

建筑组：
细屋熊村上鲁小学
设计

学员：
蔡尚志

国家艺术基金 CHINA NATIONAL ARTS FUND
湖北美术学院 HUBEI INSTITUTE OF FINE ARTS
环境艺术设计系 Department of Environmental Art Design

湖泊水网地区传统村落的创新营建人才培养
国家艺术基金2019年度人才培养项目

● 项目概况

该项目由于栖屋熊村13、14栋聚体民房，占地建筑面积为：
居高2层，砖混结构。建筑湾目在整个项目里面的中间位置。
房子的后是村子的居，房子的前面是菜地将端。该项目改造来
做民宿，做建筑外里面的偏居改造。

● 存在的问题

13、14栋建筑处在整个村子里比好好的占位，背后的道路
地势较高，把建筑一圈阳光与通风遮住，排水沟与基础的
位置较近，在雨水天气，易内做容易瘟漫，两栋建筑中间的树，
把14栋建筑的正前方大厅的光线遮住住。作为民居，建
筑的外立面时尚风格不够时尚和特点。建筑窗户的钢筋栏杆会
地人俸车里的感觉。门口的场没有规制，没有私密性。

● 设计说明

在整个外立面设计上，把2栋建筑当作成一栋建筑来做设计
的，为了让建筑性格更鲜明，做了个土黄色的颜色，用外
墙涂料，做出怀旧的砂岩感觉。其余用白色的真石漆细砂石
的墙理，让每个建筑外立面的视觉效果更立体。在后后，把
建筑物上的钢结构的空刨位和窗户上的防盗网拆墙，借用当
地的竹子，做了里面的立面，对空调和水管，做新造格作用
的同时，也为建筑外立面增加了一个建筑元素。在建筑物的
窗口做了竹子和茅草的栅棚，丰富建筑外立面亲友感的时候，
为建筑起到遮阳挡雨的效果。在民宿空间里面，在旁边的厢
房增加了身宿的卷所雨棚用来做晾晒用。

整个领院的亲置地理优势，做了一条道旅通道，让访客在
民宿的体间，更大舒心与舒松，给人愉悦的感想。

整个设计的初心是，在乡村建设计上，希望以最低的成本，
打造出属于乡村风格的设计。

在三楼楼顶，设计增加了一个顶，顶的一边是茅草五片的顶，
一边是玻璃璃顶。这个设计是考虑到，这个建筑是处于整个村
子的中心点，前面是视墙，在夏日的时候，在顶部上白大吹风，
着星星是最舒服的。西面玻璃的顶视野很微景大面积的树林
与稻田，儿时，记忆里里乡村时忙竹床纳凉，看星星，回归儿时，
夏日的纳凉的记忆。

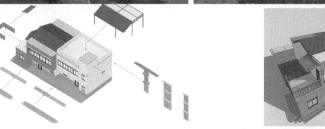

建筑组：
13、14号楼居民房
改建

学员：
吴双

建筑爆炸图

设计说明及分析

对于该建筑的改造设计旨在改变原有封闭建筑形态，优化空间布局，合理进行建筑功能的补足构成，通过加强建筑与环境、建筑与建筑、建筑与人群的融合与联结，提升建筑整体的通透性，空间可能性，以及当代美学意义。

△ 原始建筑问题分析

△ 改造思路及方法分析

场地总体平面图

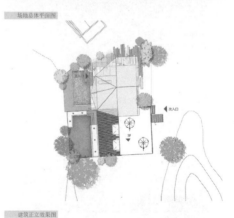

建筑正立效果图

建筑侧立效果图

建筑组：
建筑民宿改造

学员：
肖瑶 晏然 张钧
郭永乐

 國家藝術基金 CHINA NATIONAL ARTS FUND

 湖北美術學院 HUBEI INSTITUTE OF FINE ARTS 環境藝術設計系 Department of Environmental Art Design

鄂州梁子湖涂家垴镇细屋熊湾乡村建设
商业建筑改造设计

湖泊水网地区传统村落的创新营建人才培养
国家艺术基金 2019 年度人才培养项目

流水啊 流水
送我直到夕阳外
我愿意和归鸟栖在一根琴弦上
等日出 等日落

一间茅屋何所值？
穷家难舍，热土难离，
春含着故乡一捧土
一分钟 一百年
土坯、木椽、天窗，带望屋移斗转，流淌故乡的温度，

小商店
多功能商业魔方

白天是便利店、水吧，
在夜晚时分，
便利店窗台变身为小吧台

露台变身没有围墙的酒吧、
星空咖啡屋、社群酒吧。
留住微醺的夜，
享受着摇摆爵士
和大自然馈赠的天籁之音。

多功能商业魔方设计效果图

便利店占地面积50平米，正立面朝东面荷塘，西面接墙陶艺馆，西高、东低，利用东西高差近2米，屋顶被合理规划设计为商业用途的屋顶酒吧，实现了使用面积达到150平米的分时段多功能商业。

Bar

Daytime

Night

分时段多功能商业氛围示意图

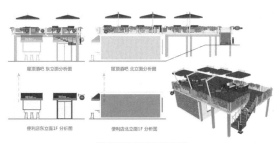

屋顶酒吧 东立面分析图　　屋顶酒吧 北立面分析图

便利店东立面1F分析图　　便利店北立面1F分析图

商业环境氛围设计分析

原始现状

改造设计后的分时段多功能商业

游客服务中心商业建筑改造

现商服功能为游客服务中心和餐厅，夏天西晒，需增设钢结构雨棚遮阳设施。
进村主入口，增设细屋熊文创商店，与原建筑通过连廊横向水平连接。

原始现状

改造设计后（辅助建模：张轩）

土坯房现状分析

一分钟·一百年
土坯建筑工法展设计理念

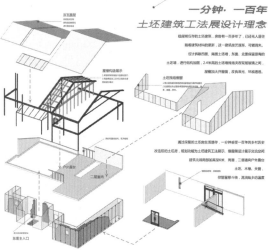

屋顶构造展示

土坯房预构模型

东区主入口

种菜花径 可食用微景观设计

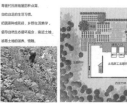

建筑组：
多功能商业建筑改造

学员：
陈莹 徐伟

国家艺术基金 CHINA NATIONAL ARTS FUND　　湖北美术学院 HUBEI INSTITUTE OF FINE ARTS　　环境艺术设计系 Department of Environmental Art Design

鄂州梁子湖涂家垴镇细屋熊湾乡村建设

湖泊水网地区传统村落的创新营建人才培养
国 家 艺 术 基 金 2019 年 度 人 才 培 养 项 目

艺术家入驻·室内空间设计

该空间位于细屋熊湾的中心池塘边，视野良好。意在为艺术家提供一个可以安心创作与生活的地方，同时提高村庄的艺术人文环境。整个空间设计尊重乡村建筑的原始气质，追求"功能性"的朴素，在室内装饰设计与家具选用中采用原木色，环保又舒适。在艺术工作室的设计中大空间大面积硬装留白，让艺术家绚丽的画作调动整个空间的气氛，强烈的对比让空间更加透气。

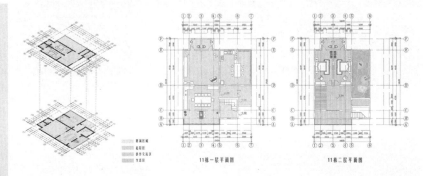

11栋一层平面图　　11栋二层平面图

10栋一层平面图

10栋二层平面图

建筑组：
艺术家入驻·室内空间设计

学员：
史青　吏希超

国家艺术基金
CHINA NATIONAL ARTS FUND

湖北美术学院　環境藝術設計系
HUBEI INSTITUTE OF FINE ARTS　Department of Environmental Art Design

鄂州梁子湖涂家垴镇细屋熊湾乡村建设

植物景观规划设计

湖泊水网地区传统村落的创新营建人才培养
国家艺术基金2019年度人才培养项目

植物景观规划设计

植物现状

村落中植物保护较好，除了农田以外的区域基本上以原始次森林为主，有大片的花石榴苗圃、规格较小、未形成视觉效果，有大片的楠竹林效果很好！

春季的观花乔木有桃树、李子、杏、海棠、樱花，有约几十亩的多年生花海，夏季有少量的紫薇花，秋季主要是桂花、和采摘柑橘；秋季色彩树主要是原生的摈香。

农作物主要为水稻，但种植面积较小，菜地面积约3亩，主要目的是自给自足，少量玉米种植。

村落植物改进计划 春季

春季增加桃李杏梅梨、碧桃、樱桃、早樱、晚樱的种植，增加美国石竹、绣球，位置主要为民居的房前和道路旁、绣球可以在林下大面积种植、形成震撼效果，以上品种栽植方式为不少于五株的片植。

花石榴苗木销售处理一部分、改为二月兰和油菜间隔种植；

花海区域一部分改为时令蔬菜种植。

在花海游客步道沿线分三个区域自然布局片植桃树。

二月兰和油菜间种植
桃树的自然散植方式

村落植物改进计划 夏季

夏季增加紫薇、木槿、栽植方式为不少于五株的片植。

木槿又名无穷花、湖北乡村最常见品种，有药用价值、又可以食用，可以广泛用于菜园篱笆，既有功能又有景观，树根下可以片植红王子锦带。

民居前可栽植茉莉、蜀葵、美人蕉。

木槿
紫薇
蜀葵
红王子锦带

村落植物改进计划 秋季

秋季增加无患子、银杏、三角枫等秋色叶树种。

花卉可增加月季，月季花期长，可配合构架和廊架栽植藤本月季。

三角枫
无患子
藤本月季

村落植物改进计划 冬季

冬季增加腊梅、梅花、茶花，腊梅和梅花的栽植方式可片植、也可以孤植。

腊梅
梅花

村落植物改进计划 地被

村落中应杜绝城市中色块做地被的做法，一是管理维护成本高，二是乡村景观中应以自然生态为主调，建议采用吉祥草和麦冬草、薄荷、鱼腥草，成本低，在栽植约三年后可以完全覆盖杂草、形成效果；在有些比较阴的地方也可以培养苔藓地被、形成独特景观。

吉祥草和麦冬草
鱼腥草

植物景观规划设计

① 春季植物
ⓐ 春季花卉
② 夏季植物
ⓑ 夏季花卉
③ 秋季植物
ⓒ 秋季花卉
④ 冬季植物
⑤ 可食用植物

植物组：
植物景观规划设计

学员：
李学进

总结

村落中的地形属于丘陵地形，村中的人行线路曲折婉转、可以做到移步换景、处处有景的植物群落，在保留原有植被的前提下、因地制宜地增加乔木、改变灌木，充分发挥乔木灌木的优势做到四季有景。

国家美术基金　湖北美术学院　环境艺术设计系

鄂州梁子湖涂家垴镇细屋熊湾乡村建设

湖泊水网地区传统村落的创新营建人才培养
国家艺术基金 2019 年度人才培养项目

PART1　区位

细屋熊湾位于湖北省鄂州市梁子湖区涂家垴镇上鲁村，属于亚热带气候区，年均气温17摄氏度，四季分明，雨量充沛，日照充足。境内山坡林地、湖泊、港汊、耕地相交错。盛产各类淡水鱼、水稻和莲藕，全湾国土面积 约0.55平方公里（其中水田285亩，农田37亩，旱地50亩，经济林60亩，原生态林80亩，南窑遗址31亩），有居民41户143人，常住人口66人。地理位置优越，环境优美。有一始建于五代十国时期的南窑遗址。

县道　进村道路　细屋熊湾核心区　细屋熊湾总览图

PART2　地形图

细屋熊湾图纸可视面积558亩，森林覆盖率58%。第十四高东低，最高处高程47米，位于西北角，最低在东南处，高程16.7米。主要为丘陵，可耕种地为望天田，对水系依赖程度较高，旱地主要种植花卉，水田部分为荒地，水稻产量基本满足本湾村民自用。

（1）林地

林地资源充裕，除一般果树外，还有原生竹林。湾内林地面积166.6亩（111080㎡），其中疏林地156.5亩（104363㎡），杉树林8亩（5334㎡），苗圃2.1亩（1383㎡）。

林地面积

PART3　山脊水系图

湾内共有山脊水系5条，两条绿色虚线为山脊线，为湾内较高处，高程范围42.73至28.36，高差14.37米。三条蓝色虚线为水系线，东部水系主要为4米宽的排水沟，满足东部水田灌溉及排涝。中部及西部水系由坑塘水面组成，为周边农作物提供灌溉。

■ 水田	
■ 农田	
■ 旱地	
■ 经济林	
■ 原生态林	
■ 南窑遗址	

31
80
60
50
37
285

涂家垴镇土地现状分布图

（2）水系

现状水系丰富，有众多分散的水塘，且有白鹭在此栖息，湾内水域面积69.6亩（46367㎡），其中：鱼塘37.5亩（24972㎡），一级水塘17.9亩（11930㎡），荷塘12亩（7945㎡），中心水塘2.2亩（1820㎡）。

水域面积

PART4　地类图

地块内总用地面积558亩，其中：旱地面积177.5亩，占比32%；林地面积166.6亩，占比30%；水田面积109.8亩，占比20%；水域面积69.6亩，占比12%；宅基地面积34.5亩，占比6%。

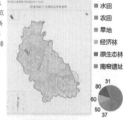

（3）水田

湾内水田面积109.8亩（73216㎡）。主要种植水稻，少量种植蔬菜，农作物产量基本为村湾内自给自足。部分耕地出现摆荒。

总类分析

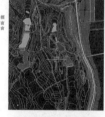

PART5　周边农产品分析

以细屋熊湾为中心，周边5KM范围主要的农产品有纯谷酒、蓝莓，是本地比较受欢迎的品种，产量较多，可满足本项目所

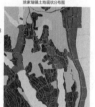

（4）果蔬分布

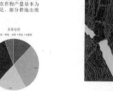

果树类种植统计条数　蔬菜类种植面积较小且统计条数

PART6　人口分布

细屋熊湾户籍人口情况分析
细屋熊湾共142人，中年人70人，老年人24人，未成年人48人。
细屋熊湾常住人口情况分析
常住人口50人，老年人10人，中年人15人，未成年人25人。

48
70
24

■ 老年人
■ 未成年人
■ 中年人

细屋熊湾户籍人口分析

25
50
15
10

■ 常住人口
■ 老年人
■ 中年人
■ 未成年人

细屋熊湾常住人口分析

建议 1　完善水产品

1、细屋熊湾水系丰富，养殖历史长；
2、配套水上建筑物较完善，东部与主港相连；
3、东部100亩水田可用于本项目，实现可持续发展；
4、投入产出比为1：1.46（武昌鱼）。
调整产业结构，发展水产养殖（武昌鱼）。

建议2　做好"酒文化"

1、细屋熊湾半径5KM范围内有二处纯谷酒作坊，为家族企业。
2、所用原材料为本地稻谷，有充足的原材料和竹林资源。
3、酿酒历史长，酒坊女儿家被评为"2018年荆楚最美家庭，信誉高，产品有质量保证。
4、每年农忙时耕作，农闲时酿酒，在本地非常受欢迎，有较大的市场需求。
建议：发展"活竹生态酒项目，做好酒文化。细屋熊湾竹林较多，本身也有"活竹生态酒品牌，而且口感较好，周边无同质产品。

建议3　用好"种植区"

按照二十四节气特点，合理策划"农产品+"系列活动，增加经济作物附加值，增加游客听觉、视觉、味觉、嗅觉和触觉享受，提升农业综合效益，促进细屋熊湾成为宜居、宜游、宜创、宜商、宜养的乡村胜地。

建议4　形成"旅游链子"

政府统筹，三方制定完成一条完整的"旅游链"，形成采摘、餐饮、住宿一条龙服务让游客留下来（两天时间），摘得开心、吃得称心、住的舒心，做到口口相传，扩大知名度，做到互利共赢，形成繁荣昌盛的场面。

经济作物组：
分析细屋熊湾经济优势

学员：
孙芬　任伶俐　朱汪洋
鲁将　王松林　吴磊
陈妍妍　李清怡

国家艺术基金　CHINA NATIONAL ARTS FUND
湖北美术学院 环境艺术设计系 Department of Environmental Art Design　HUBEI INSTITUTE OF FINE ARTS

鄂州梁子湖涂家垴镇细屋熊湾乡村建设
以二十四节气连结零碎的记忆

湖泊水网地区传统村落的创新营建人才培养
国家艺术基金 2019 年度人才培养项目

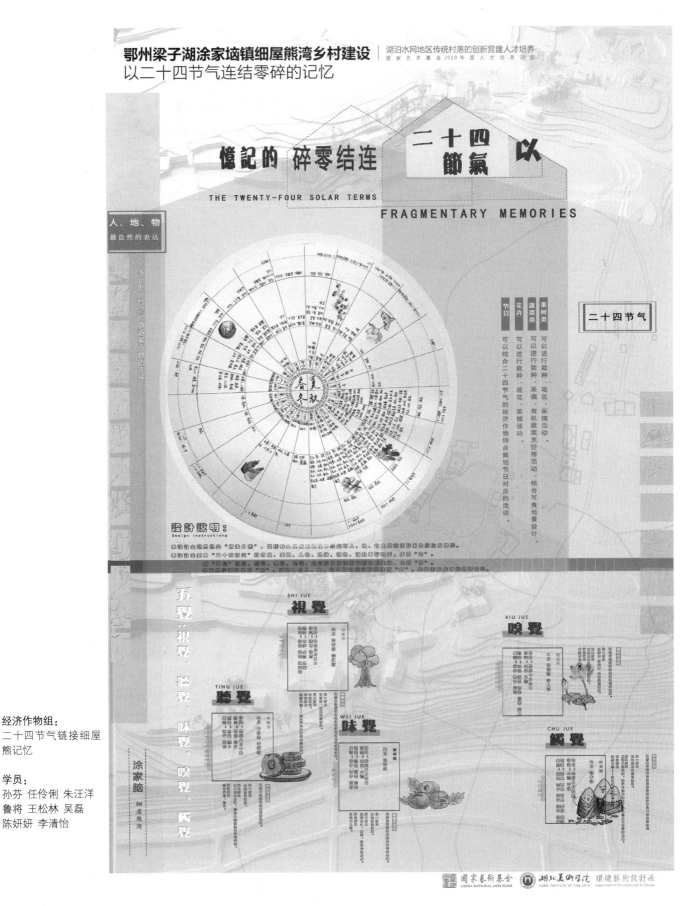

经济作物组：
二十四节气链接细屋
熊记忆

学员：
孙芬 任伶俐 朱汪洋
鲁将 王松林 吴磊
陈妍妍 李清怡

鄂州梁子湖涂家垴镇细屋熊湾乡村建设
艺术介入空间策略

1：让村民过上更好的生活，实现新与旧环境的契合

2：乡村典型民俗艺术发掘与策划

3：乡村人居空间的艺术化设计

节点：村史馆公共艺术

场所理解：

营造新与旧的对话，在场所景观改造上，村史馆是现代性的，场所本身是历史性的，那么景观改造采用现代性的方式表达历史性的理念，铺装上借用叙事性手法建构意义性情境。

现状：

铺装意向：

微空间意向：

节点：17号楼后制高点区域

场所理解：

作为细屋熊湾的制高点以及眺望远山的绝佳休闲观景场所，创造空间的连续性作为此处公共艺术的出发点，营造人与自然共荣共生，无边界的情境。

现状：

公共艺术与观者之间的互动更多的是由情感共鸣而引起的精神层面的交流，其实是作品在价值的流露，通过艺术家创作之后的作品，表现出来的某种情感和含义被人们解读，从而产生观者情绪的递进，引起共鸣，作品就容易被观者记住，并引发讨论和关注。

1：挖掘本土文化资源等原始素材，如：乡村肌理、风貌、信仰、民俗文化、传统技艺等文字、图片、影像等基础文化资源素材，进行分析、归类和筛选，提炼出艺术介入乡村设计所需的文化元素符号。并将资料、素材简化表达成可识别的图像图形，提炼出典型的历史文化元素符号、名人文化元素符号、宗教文化元素符号、民俗文化元素符号、革命文化元素符号，然后对本土文化符号进行色彩、形态、肌理、结构、内涵的特征提取，延用与再现、改造与利用、融合与创新，形成艺术介入乡村设计的基本设计元素。

2：文化艺术活动设计，隐含了乡村空间的文化意义，诠释着一个村庄的特色，影响着村民的日常生活及价值观念。这就凸显了文化艺术活动设计在艺术介入乡村设计的重要地位。文化艺术活动设计开展的目的是丰富村民的日常生活，引导乡村文化旅游服务业态，升级乡村产业结构，打造乡村文化艺术特色。把村民作为开展文化艺术活动的主体，充分调动村民参与的积极性与自觉性。

3：乡村人居空间艺术设计的目的首先是为了乡村文化艺术的发展需要。统筹安排需要艺术介入的新空间布局、原有文化艺术空间的空间布局以及艺术作品的空间摆放，并分层次引导各类乡村空间进行艺术化设计，提高乡村空间的品质，塑造具有艺术氛围的乡村社区环境。提倡乡村艺术的空间扩散化、艺术载体的多样化，将艺术延伸到乡村建筑空间、景观空间、公共空间中，创造多种多样的艺术表现形式。一般包括乡村艺术空间总体布局、点式空间设计、线状街道空间设计、面域艺术空间设计等四方面的内容。

节点：村口区域公共艺术

在营造公共艺术作品的同时把其形式设施化即更偏向于公共设施方向的设计手法，将景观主体的公共艺术作品与公共设施结合起来也是将艺术性与功能性结合起来，这样的目的是为了更好的体现公共艺术作品的公共性。

场所理解：

村口区域是连结细屋熊湾与外部世界的纽带，放置于该区域的公共艺术需要用当代艺术的手法与生活化的结构形成一种沟通情境彼此传递信息，搭建起乡村与城市对话的的桥梁。

装置意向：

范围：村内道路旁闲置空间

公共家具意向：

空间照明意向：

艺术介入组：
以艺术介入手段激活
细屋熊村湾

学员：
余雷

国家美术基金 CHINA NATIONAL ARTS FUND　湖北美术学院 HUBEI INSTITUTE OF FINE ARTS　环境艺术设计系 Department of Environmental Art Design